福田　一徳著

日本と中国のレアアース政策

木鐸社

目　次

はじめに……………………………………………………………………… 9

第1章　レアアースに関する基本情報 ……………………… 15
　1．本章の構成 …………………………………………………… 15
　2．レアアースの定義 …………………………………………… 16
　3．レアアースの用途 …………………………………………… 17
　4．レアアースの供給 …………………………………………… 19
　5．レアアースの需要 …………………………………………… 22
　6．レアアースの価格 …………………………………………… 25
　7．レアアースに関する6つのキーワード …………………… 28

第2章　中国のレアアース政策 ……………………………… 45
　1．本章の構成 …………………………………………………… 45
　2．中国政府による主な措置の内容 …………………………… 46
　　2.1　輸出規制 ………………………………………………… 46
　　　2.1.1　輸出許可証による輸出管理 ……………………… 46
　　　2.1.2　輸出税の賦課 ……………………………………… 48
　　　2.1.3　増値税の還付撤廃 ………………………………… 50
　　　2.1.4　レアアース輸出の停滞 …………………………… 51
　　2.2　生産規制 ………………………………………………… 52
　　2.3　環境規制 ………………………………………………… 54
　　2.4　業界再編 ………………………………………………… 55
　　2.5　その他の措置 …………………………………………… 56
　　　2.5.1　外資規制 …………………………………………… 56
　　　2.5.2　資源税 ……………………………………………… 57
　　　2.5.3　備蓄 ………………………………………………… 57
　3．中国のレアアース政策の目的 ……………………………… 58
　　3.1　中国のレアアース産業の課題 ………………………… 58
　　3.2　中国のレアアース政策の基本方針 …………………… 61

        3.3　課題と基本方針の関係 …………………………………………… 64
        3.4　個別の措置の目的 ………………………………………………… 66

第3章　輸出規制とWTO協定 ……………………………………… 79
    1．本章の構成 ………………………………………………………………… 79
    2．WTOの概要 ……………………………………………………………… 80
    3．WTOの紛争解決手続 …………………………………………………… 82
    4．輸出規制に関する過去の紛争案件 …………………………………… 85
        4.1　日米半導体協定事件，アルゼンチン皮革事件 ………………… 85
        4.2　中国原材料輸出規制事件 ………………………………………… 86
            4.2.1　概要と経緯 …………………………………………………… 86
            4.2.2　主な争点 ……………………………………………………… 88
            4.2.3　関連条文 ……………………………………………………… 89
            4.2.4　パネル報告書 ………………………………………………… 92
                4.2.4.1　輸出税について ………………………………………… 92
                4.2.4.2　輸出数量制限について ………………………………… 93
            4.2.5　上級委員会報告書 …………………………………………… 98
    5．中国レアアース等輸出規制事件 ……………………………………… 99
        5.1　概要と主な争点 …………………………………………………… 99
        5.2　中国によるレアアース輸出規制とWTO協定との関係 ……… 100
        5.3　勧告の履行に関する問題 ………………………………………… 101
    6．紛争解決手続を利用する意義 ………………………………………… 103

第4章　日本のレアアース政策 …………………………………… 121
    1．本章の構成 ……………………………………………………………… 121
    2．資源対策に関する日本政府の基本方針 …………………………… 122
        2.1　新・国家エネルギー戦略 ………………………………………… 122
        2.2　資源戦略研究会報告書 …………………………………………… 123
        2.3　レアメタル対策部会報告書 ……………………………………… 124
        2.4　資源確保指針 ……………………………………………………… 126
        2.5　レアメタル確保戦略 ……………………………………………… 127

2.6　エネルギー基本計画 …………………………………………… 129
　　2.7　レアアース総合対策 …………………………………………… 130
　　2.8　資源確保戦略………………………………………………………… 131
　3．レアアース対策の内容 ……………………………………………… 133
　　3.1　海外資源確保……………………………………………………… 133
　　3.2　リサイクル ……………………………………………………… 140
　　3.3　代替材料開発・使用量低減技術開発 ………………………… 146
　　3.4　国内立地支援……………………………………………………… 148
　　3.5　備蓄 ……………………………………………………………… 150
　　3.6　二国間・多国間の枠組を通じた対話や紛争解決等の取組 ………… 150
　4．今後の課題 …………………………………………………………… 153

引用文献………………………………………………………………………… 179

おわりに………………………………………………………………………… 197

索引……………………………………………………………………………… 200

図目次

1－1	周期表	16
1－2	レアアースの生産量及び埋蔵量(国別・地域別)	21
1－3	レアアースの消費量(国別・地域別)	23
1－4	中国のレアアース生産量及び消費量	23
1－5	レアアース輸入価格の推移(1)	26
3－1	WTO協定の構造	81
3－2	WTOの紛争解決手続の流れ	83
4－1	海外資源確保に関する主な資金面の支援制度	135
4－2	レアアースに関する論文発表件数の国別割合の推移	159
4－3	レアアース磁石に関する論文発表件数の国別割合の推移	161

表目次

1－1	レアアースの主な用途	18
1－2	レアアース及びその他の金属元素の大陸地殻中の存在度	19
1－3	レアアースを含む鉱物の組成	20
1－4	日本の用途別レアアース需要量	24
1－5	日本のレアアース輸入量	24
1－6	レアアース輸入価格の推移(2)	27
2－1	レアアースの輸出数量枠の推移	47
2－2	レアアース原料の輸出税率の推移	49
2－3	合金鉄(フェロアロイ)の輸出税率の推移	50
2－4	レアアースの生産数量枠の推移	53
4－1	レアアース確保に関する最近の主な資源外交実績	139
4－2	レアアースの問題が取り上げられた日中間の会合等	152

日本と中国のレアアース政策

はじめに

　本書の主題は，日本及び中国のレアアース政策である。
　レアアースは，17の非鉄金属元素の総称であり，「希土類」とも呼ばれる。この元素群は，私たちの身の回りにある様々な製品の原料として使用される。レアアースを原料として使用する製品は，自動車，テレビ，エアコン，パソコン，携帯電話，カメラ，蛍光ランプ等，非常に多岐にわたる。レアアースの持つ多様な特性が，これらの製品に高い機能と付加価値を与える上で重要な役割を果たしている。私たちの快適な日常生活は，もはやレアアースなしには維持することが難しい。
　レアアースは，私たちの日常生活のみならず，日本の産業の活力を支える存在でもある。日本国内におけるレアアースの年間消費量は2～3万トン程度にすぎない[1-4]。しかし，この比較的少量の原料が，優れたレアアース応用技術を持つ日本企業の力によって，磁石，二次電池，触媒，蛍光体，ガラス添加剤，研磨剤等の様々な部品や材料に形を変え，最終的には上記の各種製品に使用される。製品は国内向けに販売されるほか，世界各国に輸出される。上記の部品や材料を生産する日本企業の優れたレアアース応用技術は，日本の製造業の国際競争力を支えている。
　レアアースは，環境対策にも貢献する。レアアースは，ハイブリッド自動車，電気自動車，省エネ型家電（エアコン等），省エネ型蛍光ランプ，風力発電機，自動車排ガス浄化触媒等，環境対策の推進に大きな役割を果たす製品・部品の原料として使用される。今後，新興国等における環境対策の強化に伴い，これらの製品・部品の市場は急速に拡大すると見込まれる。
　このように，レアアースは，様々な場面において重要な役割を果たす資源である。しかし，日本にとって，この資源の確保は容易ではない。日本はレアアース消費量が世界で二番目に多い国であるが，需要のほぼ全量を輸入に頼っており，しかもその6割弱を中国からの輸入に依存している（2012年時点）[5,6]。

中国は，世界最大のレアアース生産国であり，かつ，世界最大のレアアース消費国でもある。特にその生産力は圧倒的であり，2009年時点においては中国が世界のレアアース総生産量の約97％を生産していた[7]。

　日本にとっての大きな不安材料は，近年中国がレアアースに対する輸出規制を著しく強化していることである。具体的には，輸出数量枠の削減や輸出税率の引き上げ等が実施されている。特に，輸出数量枠の削減は顕著であり，2006年から2012年までの6年間で約半分に削減された（2006年61,560トン，2012年30,996トン）[8,9]。

　レアアース輸出規制をめぐる中国の一連の動きの中で，日本のレアアース関係者にとりわけ大きな衝撃を与えたのは，次の2つの出来事である。

　第一は，2010年7月に中国政府が，同年のレアアースの輸出数量枠を前年比で約4割削減すると発表したことである。この発表は，同月から翌年中盤にかけてのレアアース価格高騰の引き金になったと考えられる。同月から翌年7月までの一年間に，各種のレアアース原料の価格は10倍前後の上昇を記録し[10,11]，レアアースを原料とする製品・部品の生産に携わる日本企業は大きな影響を被った。

　第二は，2010年9月下旬から約2カ月間にわたり，中国から日本へのレアアース輸出が停滞したことである。中国政府は，この輸出の停滞への関与を否定している[12]。しかし，日本，米国，欧州の報道機関は，同月上旬に尖閣諸島周辺で発生した中国漁船による日本の海上保安庁巡視船への衝突事件とレアアース輸出の停滞との間に，密接な関係があるという見方を示した。すなわち，この事件によって日中間の緊張が高まる中で，中国政府が日本向けのレアアース輸出の差し止めを行った，という見方である[13-16]。

　これらの2つの出来事を契機として，日本国内におけるレアアースの供給不安は一気に高まった。日本国内の主要紙は，レアアースに関する報道を頻繁に行うようになり，従来は一部の専門家を除けばあまりよく知られていなかったレアアースの重要性が，一般市民の間にも広く知られるようになった。また，レアアースの調達を中国からの輸入に過度に依存することの危険性が強く認識されるようになった。

　危機感の高まりは，日本政府による大規模なレアアース対策の実施を後押しした。2010年10月には，経済産業省が総額1,000億円の予算措置を伴う「レアアース総合対策」を発表した[17]。その後も，経済産業省をはじめとす

る関係省庁は，レアアースの安定的な確保を目的とする様々な対策を実施している。

中国による輸出規制に対する警戒感は，日本のみならず，他の主要な消費国の間でも高まっている。その一つの表れは，いわゆる「WTO提訴」を日本，米国，欧州が共同で行ったことである。2012年3月に，これらの3カ国・地域は，中国によるレアアース等に対する輸出規制（輸出税及び輸出数量制限等）がWTO協定に違反すると主張し，WTO協定に基づく協議要請を行った[18]。これは，WTOの紛争解決手続を利用することによって，中国による輸出規制の問題を解決しようとする取組である。

日米欧の主張に対し，中国は，レアアース等に対する輸出規制はWTO協定上正当な措置であると主張している[19-21]。同年7月には，本件に関するWTOの紛争解決小委員会（パネル）が設置された。今後は，中国によるレアアース等に対する輸出規制がWTO協定違反にあたるかどうかをめぐり，同パネルの判断が下されることになる（2012年末時点において，同パネルの判断を示す報告書は発表されていない）[22]。

以上の内容が示すように，レアアースをめぐる問題は，貿易・産業・環境・国際政治・国際法等の様々な分野に関わる学際的な問題である。しかし，日本における従来のレアアース研究は，そのほとんどが材料工学や地質学をはじめとする自然科学の領域に限定されてきた。

これに対し，本書が分析の対象とするのは，日本及び中国のレアアース政策である。最近のレアアースをめぐる国際情勢は，中国による輸出規制の強化と，それに対する日本を含む主要消費国による反応を軸として展開している。世界最大のレアアース生産国及消費国である中国と，世界第二のレアアース消費国である日本のレアアース政策の詳細な内容を把握し，その目的を分析することは，レアアースをめぐる国際情勢を正確に理解するために必要不可欠であると考える。

本書の構成は以下のとおりである。

第1章では，レアアースに関する基本情報として，その定義や用途に加え，需給及び価格の動向について説明する。その上で，主に需給に関するレアアースの特徴を，6つのキーワードにまとめて説明する。キーワードは，①17元素の多様性，②需給バランスの崩れやすさ，③需要の少なさ，④需要予測の難しさ，⑤環境汚染を引き起こす危険性，⑥中国の市場支配力の強さ，

である。レアアースの安定的な確保が容易ではない理由を理解するためには，これらの点を押さえておくことが必要である。

　第2章では，中国のレアアース政策の主な内容を紹介すると共に，その目的を分析する。中国政府は，レアアース分野において，輸出規制，生産規制，環境規制，業界再編等の様々な措置を実施している。ここでは，中国政府がこれまでに発表したレアアース政策に関連する文書の内容や中国政府関係者の発言等を手掛かりにしながら，中国政府がいかなる目的の下にこれらの措置を実施しているのかを考察する。輸出規制については，その実施状況を詳しく紹介した上で，その目的にはレアアース価格の低迷防止や国内レアアース産業の強化が含まれると考えられることを指摘する。

　第3章では，中国による輸出規制とWTO協定との関係について検討を行う。中国は，レアアース以外にも数多くの資源関連品目を対象として輸出規制を実施している。このうち，ボーキサイトやコークス等の9種類の原材料（レアアースを含まない）を対象とする輸出税及び輸出数量制限等の措置については，WTOのパネル及び上級委員会における審理の結果，WTO協定違反にあたるという結論が確定している（中国原材料輸出規制事件）[23]。本章では，はじめにWTOの紛争解決手続の概要を説明し，次いで輸出規制に関する過去の主要な紛争案件を紹介する。特に，中国原材料輸出規制事件については，その経緯，主な争点，パネル及び上級委員会の判断の内容を詳しく説明する。その上で，同事件の結論を参考にしながら，中国によるレアアースに対する輸出規制のうち，特に輸出税及び輸出数量制限とWTO協定との関係について検討を行う。

　第4章では，日本のレアアース政策の現状と課題について述べる。はじめに，日本政府がこれまでに発表した非鉄金属・鉱物資源分野の対策（レアアース対策，レアメタル対策を含む）に関連する文書の内容に基づき，この分野における日本政府の基本的な政策方針を説明する。次に，日本政府によるレアアース対策の具体的内容（海外における資源確保の支援，リサイクルの推進，代替材料開発・使用量低減技術開発の推進等）について述べる。その上で，今後日本がさらなるレアアース対策を実施するにあたり，特に重点的に取り組むべき課題を指摘する。

　以上が本書の構成である。レアアースをめぐる情勢はめまぐるしく変化しているが，本書は2012年12月末までの情勢に基づいて執筆したものである。

なお，著者は，2006年6月から2009年5月にかけて，経済産業省製造産業局非鉄金属課においてレアアース対策の立案及び実施を担当した。ただし，本書に示した著者の見解は，あくまでも著者個人のものであり，日本政府及び経済産業省の見解を示すものではないことを予め断っておく。

(1) レアメタルニュース．アルム出版社，2011, no. 2479, p. 1.
(2) レアメタルニュース．アルム出版社，2012, no. 2520, p. 10.
(3) レアメタルニュース．アルム出版社，2012, no. 2522, p. 1.
(4) レアメタルニュース．アルム出版社，2012, no. 2558, p. 1.
(5) 財務省．"貿易統計：品別国別表：輸入"．e-Stat. http://www.e-stat.go.jp/SG1/estat/OtherList.do?bid=000001008801&cycode=1, (参照 2013-02-12).
(6) 財務省．"貿易統計：統計品別表：輸入"．e-Stat. http://www.e-stat.go.jp/SG1/estat/OtherList.do?bid=000001008803&cycode=1, (参照 2013-02-12).
(7) U.S. Geological Survey. *Mineral Commodity Summaries 2011*. Reston, 2011, p. 129. http://minerals.usgs.gov/minerals/pubs/mcs/2011/mcs2011.pdf, (accessed 2011-12-01).
(8) 土居正典．"中国：最近のレアアース事情"．平成23年度第9回金属資源関連成果発表会．2011-11-25, 石油天然ガス・金属鉱物資源機構(JOGMEC). http://mric.jogmec.go.jp/public/kouenkai/2011-11/briefing_111125_8.pdf, (参照 2012-04-02).
(9) レアメタルニュース．アルム出版社，2012, no. 2544, p. 6.
(10) レアメタルニュース．アルム出版社，2011, no. 2472, p. 1.
(11) レアメタルニュース．no. 2520, p. 10.
(12) 経済産業省．"経済産業大臣記者会見概要(平成22年度)"．http://www.meti.go.jp/speeches/daijin_h22.html, (参照 2013-02-06).
(13) Bradsher, Keith. "Amid Tension, China Blocks Vital Exports to Japan." *New York Times*. 2010-09-22. http://www.nytimes.com/2010/09/23/business/global/23rare.html?pagewanted=all&_r=0, (accessed 2013-02-25).
(14) "中国，レアアース対日輸出停止：尖閣問題で外交圧力か"．朝日新聞．2010-09-24. http://www.asahi.com/special/senkaku/TKY201009230257.html, (参照 2013-02-07).
(15) Hook, Lesile; Soble Jonathan. "China's rare earth stranglehold in spotlight." *Financial Times*. 2012-03-13. http://www.ft.com/cms/s/0/e232c76c-6d1b-11e1-a7c7-00144feab49a.html#axzz2NPyceBjh, (accessed 2013-02-07).
(16) "レアアース対策の成果を次に"．日本経済新聞．2012-11-05. http://www.nikkei.com/article/DGXDZO48061630V01C12A1PE8000/, (参照 2013-02-

25）.
（17） "資源確保を巡る最近の動向". 総合資源エネルギー調査会鉱業分科会・石油分科会合同分科会第1回. 2010-12-07. 20P. http://www.meti.go.jp/committee/sougouenergy/kougyou/bunkakai_goudou/001_02_01.pdf,（参照 2011-12-01）.
（18） WTO. "China – Measures Related to the Exportation of Rare Earths, Tungsten and Molybdenum." 2012-10-12. http://www.wto.org/english/tratop_e/dispu_e/cases_e/ds431_e.htm,（accessed 2013-01-08）.
（19） 山川一基, 吉岡桂子. "レアアース争奪火ぶた：日米欧, 中国をWTOに提訴へ". 朝日新聞. 2012-03-14.
（20） "WTOに協議要請：日・米・EU：中国の輸出規制で". 日刊産業新聞. 2012-03-15.
（21） "「レアアース輸出管理政策は正当」中国商務省が強調". 日刊産業新聞. 2012-03-19.
（22） WTO. "China – Measures Related to the Exportation of Rare Earths, Tungsten and Molybdenum."
（23） WTO. "China – Measures Related to the Exportation of Various Raw Materials." 2012-06-06. http://www.wto.org/english/tratop_e/dispu_e/cases_e/ds394_e.htm,（accessed 2013-01-08）.

第1章　レアアースに関する基本情報

1．本章の構成

　本章では第一に，レアアースに関する基本情報として，その定義，用途，供給，需要，価格について述べる。その概要は次のとおりである。

　レアアースは，化学的性質の類似する17元素の総称であり，その用途は多岐にわたる。私たちの身の回りにある様々な製品（自動車，テレビ，エアコン，パソコン，携帯電話，カメラ，蛍光ランプ等）には，レアアースが原料として使用されている。レアアースは，これらの製品に高い機能と付加価値を与える上で重要な役割を果たす。

　レアアースに含まれる17元素は，軽希土類と重希土類に分類されることがある。このうち，軽希土類の資源量は比較的豊富であり，これを産出する鉱山は世界各地に存在する。他方で，重希土類の資源量は軽希土類に比べて少なく，その主要供給源である「イオン吸着鉱」は，これまでのところ中国南部以外の地域では開発された例がない。

　レアアースの生産は，かつては中国以外の様々な国で行われていたが，1980年代後半以降に中国が生産を急拡大し，世界のレアアース生産をほぼ独占するようになった。その後，中国は，レアアースに対する生産規制及び輸出規制の強化を実施した。特に，2000年代中盤以降に輸出規制を著しく強化したことから，日本をはじめとする消費国の間では供給不安が高まっている。

　中国は世界最大のレアアース消費国でもあり，その消費量は年々増加している。中国に次ぐ世界第二の消費国が日本であり，その高度なレアアース応用技術を活かして様々な高機能・高付加価値製品を生産・輸出している。

レアアースの価格は，需給のわずかな変化や中国の政策動向，さらには投機的要因等によって短期間のうちに激しく変動する。レアアース価格は，2010年7月から2011年7月までの1年間に10倍前後の上昇を記録し，その後下落に転じた。このような急激な価格変化は，レアアースを原料とする製品・部品の生産に携わる企業のみならず，一般消費者にも幅広く影響を与える。

　本章では第二に，以上の基本情報を踏まえた上で，主に需給に関するレアアースの特徴を，6つのキーワードにまとめて説明する。6つのキーワードとは，①17元素の多様性，②需給バランスの崩れやすさ，③需要の少なさ，④需要予測の難しさ，⑤環境汚染を引き起こす危険性，⑥中国の市場支配力の強さ，である。レアアースの安定的な確保が容易ではない理由を理解するためには，これらの点を押さえておくことが必要であると考える。

2．レアアースの定義

　レアアース(希土類)とは，周期表(図1-1参照[1])の第3族に属するスカンジウム(Sc)，イットリウム(Y)に，ランタノイドを加えた17元素の総称である。

図1-1　周期表

族\周期	1	2	3	4	5	6	7	8	9	10	11	12	13	14	15	16	17	18
1	H																	He
2	Li	Be											B	C	N	O	F	Ne
3	Na	Mg											Al	Si	P	S	Cl	Ar
4	K	Ca	Sc	Ti	V	Cr	Mn	Fe	Co	Ni	Cu	Zn	Ga	Ge	As	Se	Br	Kr
5	Rb	Sr	Y	Zr	Nb	Mo	Tc	Ru	Rh	Pd	Ag	Cd	In	Sn	Sb	Te	I	Xe
6	Cs	Ba	ランタノイド	Hf	Ta	W	Re	Os	Ir	Pt	Au	Hg	Tl	Pb	Bi	Po	At	Rn
7	Fr	Ra	アクチノイド	Rf	Db	Sg	Bh	Hs	Mt	Ds	Rg	Cn	Unt					

ランタノイド： | La | Ce | Pr | Nd | Pm | Sm | Eu | Gd | Tb | Dy | Ho | Er | Tm | Yb | Lu |

アクチノイド： | Ac | Th | Pa | U | Np | Pu | Am | Cm | Bk | Cf | Es | Fm | Md | No | Lr |

(注)　網掛け部分がレアアース元素。
(出典)　文部科学省「一家に1枚周期表」(第6版)より作成。

ランタノイドに含まれるのは，ランタン(La)，セリウム(Ce)，プラセオジム(Pr)，ネオジム(Nd)，プロメチウム(Pm)，サマリウム(Sm)，ユウロピウム(Eu)，ガドリニウム(Gd)，テルビウム(Tb)，ジスプロシウム(Dy)，ホルミウム(Ho)，エルビウム(Er)，ツリウム(Tm)，イッテルビウム(Yb)，ルテチウム(Lu)の15元素である[2-6]。

　レアアース化合物の化学的性質は互いに似ているため，その相互分離は難しい。レアアース各元素(ただし，スカンジウム及びプロメチウムを除く)は，類似の化学的性質を持つ酸化物あるいはリン酸塩の鉱物として，特定の鉱石中に混合した状態で存在する[7-9]。

　レアアース化合物の化学的性質が互いに似ている一方で，レアアース金属の物理的性質(磁気特性，光学特性等)及び用途は元素ごとに大きく異なる。また，各元素の資源量にも大きな差がある[10-11]。

　レアアース元素は，軽希土類と重希土類に分類されることがある。ランタンからユウロピウムまでの7元素にスカンジウムを加えて軽希土類とし，ガドリニウムからルテチウムまでの8元素にイットリウムを加えて重希土類とすることが多いが，その境界は厳密には定まっていない。軽希土類と重希土類の間に中希土類を置く場合もある[12]。

　なお，レアアースはレアメタルの一種である。レアメタルとは，(旧)通商産業省資源エネルギー庁の鉱業審議会レアメタル総合対策特別小委員会において，以下のとおり定義された非鉄金属のことを指す。

　　地球上の存在量が稀であるか，技術的・経済的な理由で抽出困難な金属のうち，現在工業用需要があり今後も需要があるものと，今後の技術革新に伴い新たな工業用需要が予測されるもの[13]

　現在のところ，レアアースを含む31鉱種がレアメタルに分類されている(レアアースは1鉱種として扱われている)[14-15]。

3．レアアースの用途

　レアアースの用途は多岐にわたる。レアアースは，金属単体，酸化物等の化合物，あるいは複数のレアアース元素を含む混合物の形で，様々な機能性

材料の原料として用いられる[16]。

レアアースの代表的用途として注目を集めているのは，永久磁石，殊にネオジム磁石である。ネオジム磁石は，非常に高い磁気エネルギー積を有する「超強力磁石」[17-18]として，強い動力が求められる製品や小型化・軽量化が求められる製品に幅広く使用される。ネオジム磁石の主原料は，ネオジム，鉄，ホウ素であるが，耐熱性が求められる用途にはジスプロシウム(あるいはテルビウム)が添加される。

ネオジム磁石が使用される製品としては，自動車，家電(エアコン等)，パソコン，携帯電話，産業用ロボット，医療機器(MRI)，風力発電機等がある。ハイブリッド自動車及び電気自動車の駆動用モーターにネオジム磁石が使用されることはよく知られている。また，上記以外の通常の自動車にも，電動パワーステアリングをはじめとする様々な部位に多数のネオジム磁石が使用される[19]。

レアアースを原料とする永久磁石としては，ネオジム磁石以外にサマリウ

表1-1　レアアースの主な用途

レアアース	主な用途
スカンジウム(Sc)	アルミニウムスカンジウム合金
イットリウム(Y)	蛍光体，光学ガラス，ジルコニア安定化剤，二次電池の極材
ランタン(La)	光学レンズ，セラミックコンデンサー，触媒，蛍光体
セリウム(Ce)	ガラス研磨剤，触媒，UVカットガラス，ガラス消色剤
プラセオジム(Pr)	ネオジム磁石，セラミックタイル発色剤
ネオジム(Nd)	ネオジム磁石，セラミックコンデンサー
サマリウム(Sm)	サマリウムコバルト磁石
ユウロピウム(Eu)	蛍光体
ガドリニウム(Gd)	光学ガラス，原子炉の中性子遮蔽材
テルビウム(Tb)	蛍光体，光磁気ディスクターゲット，ネオジム磁石
ジスプロシウム(Dy)	ネオジム磁石，超磁歪材
ホルミウム(Ho)	レーザー関係，磁性超伝導体
エルビウム(Er)	クリスタルガラス着色剤
ツリウム(Tm)	レーザー関係，光ファイバ増幅器
イッテルビウム(Yb)	レーザー関係，可視アップコンバージョン
ルテチウム(Lu)	シンチレーション
ミッシュメタル(注)	発火合金，水素吸蔵合金(ニッケル水素電池)，鉄鋼・非鉄金属添加剤，Sm_2O_3還元剤
バストネサイト	ガラス研磨剤
粗塩化希土	FCC触媒

(注) ミッシュメタルは，軽希土類を中心とする金属の混合物。ランタン，セリウムを主成分とし，そのほかプラセオジム，ネオジム，サマリウム，ガドリニウム等を含む。足立吟也編著『希土類の科学』p. 585より。
(出典) 廣川満哉「レアアースの需要・供給及び価格の動向」p. 160より作成。

ムコバルト磁石等がある。また，永久磁石以外のレアアースの主な用途として，二次電池(ニッケル水素電池)，触媒(石油精製用の流動接触分解(FCC)触媒，自動車排ガス浄化触媒等)，蛍光体(省エネ型蛍光ランプ用，液晶ディスプレイ用等)，ガラス添加剤(カメラのレンズ用，UVカットガラス用等)，研磨剤(液晶ディスプレイや半導体デバイス等の研磨用)等がある(レアアースの主な用途については表1-1参照)[20-21]。

このように，レアアースは自動車や電気電子機器をはじめとする各種製品の原料として幅広く使用される。日本企業は，その優れたレアアース応用技術によって，製品に高い機能と付加価値を与えることに成功している。この分野の技術力は，日本の製造業の国際競争力を支える重要な要素である。

また，レアアースは，地球温暖化対策をはじめとする環境対策にも重要な役割を果たしている。レアアースを原料として使用する製品には，ハイブリッド自動車，電気自動車，省エネ型家電(エアコン等)，省エネ型蛍光ランプ，風力発電機，自動車排ガス浄化触媒等がある。これらはいずれも環境対策に貢献する製品であり，その需要は先進国のみならず新興国等においても今後大きく伸びることが見込まれる。

4．レアアースの供給

レアアースは，その名称(「レア」アース)が与える印象に反して比較的豊富に存在する(レアアース及びその他の金属元素の大陸地殻中の存在度については表1-2参照)。

レアアース元素の大陸地殻中の存在度は，0.3ppm(＝300ppb)のルテチウムから33ppm(＝33,000ppb)のセリウムまで大きな差があり，軽

表1-2　レアアース及びその他の金属元素の大陸地殻中の存在度

	元素名	大陸地殻中の存在度(ppb)
レアアース	スカンジウム(Sc)	30,000
	イットリウム(Y)	20,000
	ランタン(La)	16,000
	セリウム(Ce)	33,000
	プラセオジム(Pr)	3,900
	ネオジム(Nd)	16,000
	サマリウム(Sm)	3,500
	ユウロピウム(Eu)	1,100
	ガドリニウム(Gd)	3,300
	テルビウム(Tb)	600
	ジスプロシウム(Dy)	3,700
	ホルミウム(Ho)	780
	エルビウム(Er)	2,200
	ツリウム(Tm)	320
	イッテルビウム(Yb)	2,200
	ルテチウム(Lu)	300
貴金属	銀(Ag)	80
	金(Au)	3
ベースメタル	銅(Cu)	75,000
	亜鉛(Zn)	80,000
	鉛(Pb)	8,000

(出典) 国立天文台編『理科年表平成22年』p.632より作成。

希土類の方が重希土類よりも豊富に存在する傾向がある。レアアース元素のうち最も存在度が小さいルテチウムであっても，金，銀等の貴金属に比べれば豊富に存在する。また，軽希土類のランタン，セリウム，ネオジム等の存在度は，ベースメタルに分類される鉛の存在度よりも大きい[22-25]。

レアアースを含む鉱物は，これまでに150種類以上が報告されている[26]。その主要なものとして，モナザイト，ゼノタイム，バストネサイト，イオン吸着鉱等がある[27-28]。

レアアースの組成(各元素の含有量の比)は，鉱物の種類によって異なる。また，同種の鉱物であっても，鉱山によって組成は異なる(表1-3参照)[29-30]。

レアアースを産出する鉱山は世界各地に存在する[31]。その多くは主に軽希土類を産出する鉱山であり，重希土類に富む鉱山は少ない。また，レアアースを含有する鉱物の中には，同時に放射性元素(ウラン，トリウム)を含むものがある。そのような鉱物を産出する鉱山においてレアアースを生産する場合には，放射性元素の処理が課題となる[32-33]。

現在，重希土類は主にイオン吸着鉱から生産されている。イオン吸着鉱は，

表1-3 レアアースを含む鉱物の組成

	モナザイト	ゼノタイム	バストネサイト			イオン吸着鉱		
	Mt. Weld (豪州)	Lahat Perek (マレーシア)	Baiyun Obo (中国)	Mt. Pass (米国)	Dong Pao (ベトナム)	Xunwu (中国)	Longnan (中国)	XinFeng (中国)
Y_2O_3	0.25	61	微量	0.1	0.7	8	65	25.1
La_2O_3	25.5	1.2	23	33.2	32.4	43.4	1.82	26.2
CeO_2	46.74	3.1	50	49.1	50.4	2.4	0.4	1.9
Pr_6O_{11}	5.32	0.5	6.2	4.34	4.03	9	0.7	6
Nd_2O_3	18.5	1.6	18.5	12	10.74	31.7	3	21.1
Sm_2O_3	2.27	1.1	0.8	0.8	0.91	3.9	2.8	4.5
Eu_2O_3	0.44	微量	0.2	0.1		0.51	0.1	0.71
Gd_2O_3	0.75	3.5	0.7	0.17		3	6.9	4.8
Tb_4O_7	0.07	0.9	0.1	0.02		微量	1.3	0.77
Dy_2O_3	0.12	8.3	0.1	0.03		微量	6.7	4.1
Ho_2O_3				微量		微量	1.6	0.8
Er_2O_3				微量		微量	4.9	2
Tm_2O_3				微量		微量	0.7	微量
Yb_2O_3				微量		0.3	2.5	1.6
Lu_2O_3				微量		0.1	0.4	0.2

(注1) 数値はレアアース酸化物の組成を表す。単位は％。
(注2) 網掛け部分は重希土類。それ以外は軽希土類。
(出典) Roskill Information Service "Rare Earths & Yttrium: Market Outlook to 2015" (14th ed.) pp. 14-15 より作成。

レアアースを含む花崗岩類が高温多湿の環境下で風化により分解され，粘土鉱物の表面にレアアースイオンが吸着されることによって形成された鉱床である。重希土類を豊富に含む鉱物はイオン吸着鉱以外にも存在する。しかし，イオン吸着鉱は放射性元素をほとんど含まない上，技術的に容易に，かつ低いコストでレアアースの抽出を行うことができる点で優れている[34-35]。

他方で，イオン吸着鉱は，特定の気象条件及び地質条件が重なって生じた特殊な鉱床であり，これまでのところ中国南部以外の地域において開発が行われた実績はない。現状では，世界各地に供給される重希土類のほとんどは，中国南部のイオン吸着鉱で生産されているとみられる[36-38]。

世界最大のレアアース生産国は中国である。U.S. Geological Survey（米国地質調査所）の『Mineral Commodity Summaries 2011』によれば，2009年における中国のレアアース生産量は12.9万トンである。これは同年における世界の総生産量（13.3万トン）の約97％にあたる（図1-2参照）[39-42]。

レアアースを産出する鉱山は世界各地に存在することから，かつては中国以外の様々な国でレアアースの生産が行われていた。1980年代中盤までは米国と豪州がレアアースの主要生産国であり，米国カリフォルニア州のMt. Pass鉱山が世界最大の生産量を誇っていた[43-44]。

ところが，1980年代後半に入ると，中国は急激に生産を拡大し，低価格で大量のレアアースを輸出するようになった。中国以外の地域におけるレアアース鉱山の多くは，中国の鉱山との価格競争が困難になったことや，放射

図1-2　レアアースの生産量及び埋蔵量（国別・地域別）

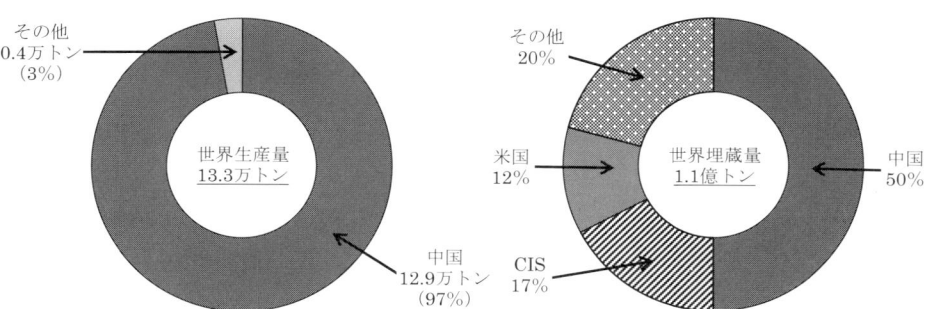

（注）生産量及び埋蔵量は酸化物（REO）ベースの値。
（出典）U.S. Geological Survey "Mineral Commodity Summaries 2011" p. 129 より作成。

性物質の処理等の環境対策コストが増大したことが主な原因となって閉山し，中国への生産の一極集中が進んだ。中国における安価な労働力，比較的緩やかな環境規制，多数の大規模レアアース鉱床の存在，重希土類に富むイオン吸着鉱の存在等の要因が，生産の一極集中を可能にしたと考えられる[45-46]。

中国は，1990年代末に世界のレアアース生産をほぼ独占するに至った。その後，中国は，レアアースに対する生産規制及び輸出規制を強化するようになった。特に2000年代中盤以降，輸出規制は著しく強化された（輸出数量枠の大幅削減，輸出税率の引き上げ等）。近年における中国のレアアース政策については，次章に詳しく述べる。

なお，レアアースの埋蔵量については，生産量に比べて中国への一極集中の度合いは低い（図1-2参照）。『Mineral Commodity Summaries 2011』によれば，経済的に採掘可能な埋蔵量は全世界に11,000万トン存在する。中国における埋蔵量は，その50％にあたる5,500万トンである。中国に続くのが，CIS[47]（1,900万トン）と米国（1,300万トン）である[48-58]。

最近では，中国による生産・輸出規制の強化やレアアース価格の高騰を背景として，レアアースの開発・生産プロジェクトが中国以外の地域において活発に進められている。その代表例として，米国のMt.Pass鉱山の再開，豪州のMt.Weld鉱山及びベトナムのDong Pao鉱山の開発，インド及びカザフスタンにおけるウラン鉱残渣からのレアアース回収の取組が挙げられる[59-62]。

5．レアアースの需要

Roskill Information Services（鉱物資源を専門とする英国の調査会社）の『Rare Earths & Yttrium: Market Outlook to 2015』によれば，世界のレアアース消費量は増加する傾向にある。同書は，2000年，2005年，2010年の世界のレアアース消費量を，それぞれ7.9万トン，9.8万トン，12.5万トンと推定している。また，2015年には18万トンに達すると予想している[63-66]。

レアアースの主要消費国は，中国と日本の二カ国である（図1-3参照）。Roskill Information Servicesの前掲書によれば，2010年の中国のレアアース消費量は8.7万トンであり，同年の世界全体の消費量（12.5万トン）の約70％を占める。同年の「日本及びアジア」（ここでの「アジア」とは，日本及び中国を除くアジア諸国のことを指す）の消費量は2.8万トンであり，世界全体の消

費量の約22％を占める[67]。

前掲書における「日本及びアジア」の消費量の大部分を占めるのは，日本の消費量であるとみられる。新金属協会によれば，2010年の日本のレアアース需要量は約2.7万トンである[68]。また，レアメタルニュース（日本のレアメタル専門誌）は，同年の日本のレアアース需要量を約3.2~3.3万トンと見積もっている[69]。これらの値を踏まえれば，需要量と実際の消費量との間に若干の差があるとしても，「日本及びアジア」の消費量の大部分は日本の消費量にあたるとみることができる。

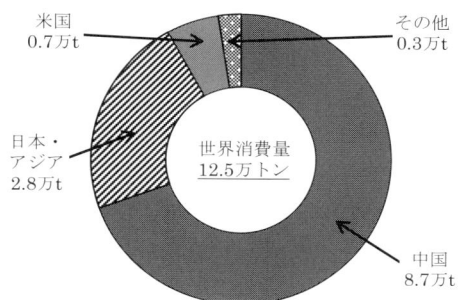

図1-3　レアアースの消費量
（国別・地域別）

（注）消費量は酸化物（REO）ベースの値。
（出典）Roskill Information Service "Rare Earths & Yttrium: Market Outlook to 2015"（14th ed.）p. 205 より作成。

中国は，世界最大のレアアース生産国であり，同時に世界最大のレアアース消費国でもある。図1-4に2005年から2010年までの中国のレアアース生産量及び消費量を示す。この図において目立つのは，消費量の急速な増加である。2005年から2010年までの5年間に，消費量は約7割増加している。用途別では，永久磁石や蛍光体等，中国が「新材料」と位置付ける用途の消費量の増加率が特に高い[70-71]。

日本は，中国に次ぐ世界第二のレア

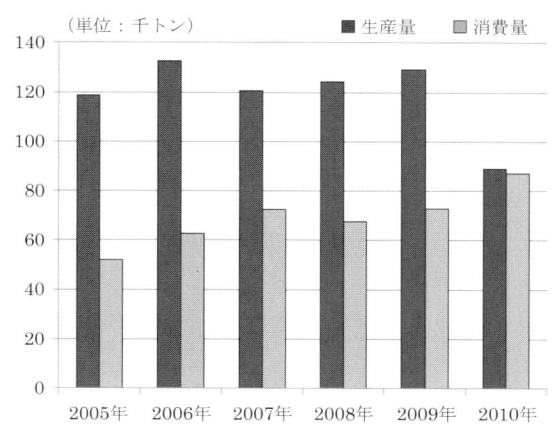

図1-4　中国のレアアース生産量及び消費量

（注）生産量及び消費量は酸化物（REO）ベースの値。
（出典）土居正典「中国：最近のレアアース事情」より作成。

表1-4 日本の用途別レアアース需要量

用途	2007年	2008年	2009年	2010年	2011年	2012年
研磨剤	12,850	12,850	12,800	10,000	3000	1,000~3,000
ガラス添加	3,240~3,870	2,160~2,770	2,560~2,570	3,800	2,350~2,900	720~1,420
蛍光体	1,020~1,470	1,020~1,470	930~1,330	1,200~1,390	960~1,160	630~1,160
触媒	3,860~4,015	3,840~4,000	3,600~3,610	4,440	4,720~4,970	4,510~6,400
磁石	7,150~7,700	7,900~8,560	4,080~4,440	7,430~7,440	6,330~6,690	5,200~7,120
電池	3,050	2,930	3,170	3,400~3,430	3,410~3,430	3,690~4,780
鉄鋼・鋳造添加	2,420~3,630	1,210~2,420	1,210~1,810	1,210~1,810	730~970	730~970
セラミックス	150~210	150	400~450	700~750	550~600	450~700
その他	400~1,100	800~900	200	200	200	200
合計	34,140~37,895	32,860~36,050	28,950~30,380	32,340~33,220	22,250~23,920	17,130~25,750

(注) 数量の単位はトン。酸化物 (REO) ベースの値。
(出典)「レアメタルニュース」no. 2479, 2522. 2558 より作成。

表1-5 日本のレアアース輸入量

	2007年	2008年	2009年	2010年	2011年	2012年
輸入量(世界全体から)	39,724	34,330	18,262	28,564	22,505	13,829
輸入量(中国から)	35,784	31,097	15,613	23,311	15,378	8,013
中国依存度	90%	91%	85%	82%	68%	58%

(注) 数量の単位はトン。
(出典) 財務省貿易統計より作成。

アース消費国である。しかしその需要は，中国とは対照的に，過去数年間においては減少傾向にある。特に，2010年から2011年にかけて需要は約1万トン減少し，2012年の需要も2011年と同水準にとどまった。表1-4に，2007年から2012年までの日本のレアアース需要を用途別に示す[72-76]。

従来，日本におけるレアアースの最大の用途は研磨剤であったが，価格高騰の影響を受けて代替材料の活用や使用済原料の再利用が進み，研磨剤向けのレアアース需要は大幅に減少した。また，製造・加工拠点の海外移転に伴う需要減少が起きているもの(ガラス添加向け等)もある[77-78]。

日本は，レアアース需要のほぼ全量を海外からの輸入に依存している[79-81]。表1-5に，2007年から2012年までの日本のレアアース輸入量，うち中国からの輸入量，輸入量全体に占める中国からの輸入量の割合(中国依存度)を示す[82-84]。

中国がレアアースに対する生産・輸出規制を強化する中で，日本政府及び日本企業は，中国への過度の依存から脱却し，レアアースの安定的な確保を図るための対策を進めている。対策の中には，中国以外の地域からのレア

アース調達に加え，リサイクルや代替材料開発等によって新規原料に対する需要を削減する取組が含まれる。これらの取組の結果，中国依存度は低下し，レアアース需要も減少する傾向にある。ただし，2012年時点においても，中国依存度は約58％という高い水準にある[85-86]。

一方，中国にとっては日本が重要なレアアース輸出先である。2011年の中国のレアアース輸出量のうち約56％は日本向けの輸出である[87]。

6．レアアースの価格

レアアースの取引は，売り手と買い手の相対取引の形で行われ，その価格は個別の相対取引の中で決まるのが一般的である[88]。

非鉄金属の中でも，銅，鉛，亜鉛，ニッケル，錫，アルミニウム等については，London Metal Exchange（LME）等の商品取引所において取引が行われている。これらの非鉄金属の価格については，LMEにおける取引価格（LME価格）が国際的な指標とされている。しかし，レアアースの場合には，LMEのような役割を果たす商品取引所が存在せず，価格決定過程の透明性は低い[89]。

レアアースの価格は，短期間のうちに激しく変化する。レアアースの需要及び供給の規模は，石油，石炭，鉄鉱石，銅，鉛，亜鉛等に比べ，非常に小さい。このため，レアアースについては，需給のわずかな変化が価格に対して相対的に大きな影響を与える。また，圧倒的な供給力を持つ中国の動向（例えば，生産・輸出規制の強化や鉱山等における障害の発生）も，レアアース価格を大きく変化させる要因である。さらに，実際の需給の変化以上に，投機的な売買がレアアース価格に大きな影響を与えているという指摘もある[90]。

図1-5に，2005年1月から2012年12月までの日本におけるレアアース輸入価格の推移を示す[91-99]。この図には，各種のレアアース原料品目のうち，5種類のレアアース金属（ランタン，セリウム，ネオジム，テルビウム，ジスプロシウムの各金属）の価格を示す。これらの金属の価格には大きな差があり，また，いずれの金属の価格も上記期間中に大幅に変化したことから，価格を示すグラフの縦軸は対数表示とした。

この図から，上記5種類のレアアース金属の価格変化に関して，概ね共通する次の4つの特徴を見出すことができる。

図1-5 レアアース輸入価格の推移(1)

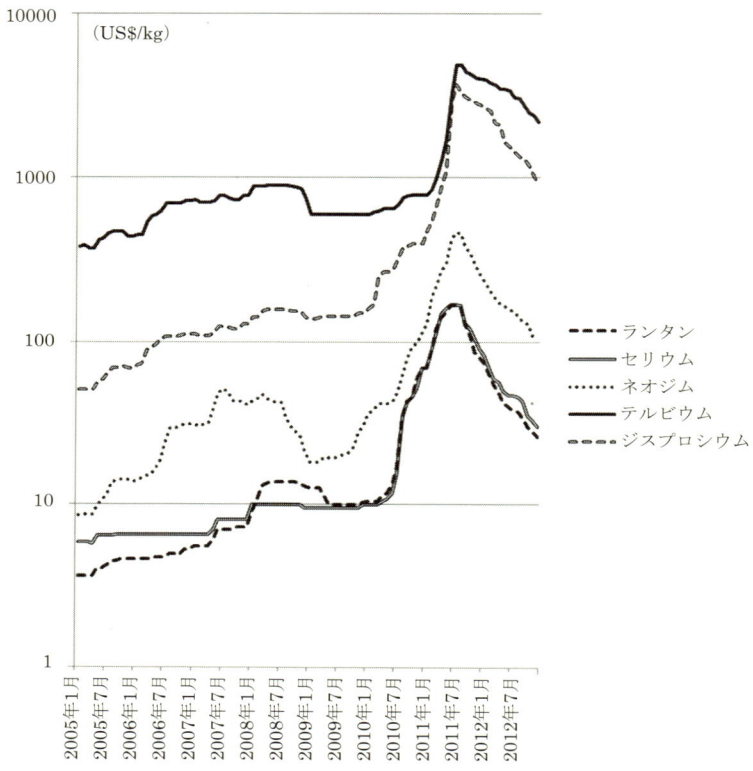

(出典)「レアメタルニュース」no. 2248, 2293, 2338, 2381, 2428, 2472, 2520, 2564 より作成。

① 2005年初頭から2008年中盤にかけて，比較的緩やかな価格上昇が起きた[100]
② 2008年中盤から2009年中盤にかけて，比較的小幅の価格下落が起きた
③ 2010年中盤から2011年中盤にかけて，急激かつ大幅な価格上昇が起きた
④ 2011年中盤以降，急激かつ大幅な価格下落が起きた(ただし，2012年末時点の価格は，上記③の価格上昇が起きる以前の水準には戻っていない)

上記①～④の変化のうち、上記②の価格下落が起きた時期は、リーマンショック後の世界的不況の時期と重なっている。不況に伴い、レアアースを原料として使用する製品の需要が減少したことが、この時期の価格下落の主な要因であると考えられる。

上記③の大幅な価格上昇の起点となる時期は、中国政府がレアアースの輸出数量枠を大幅に削減（対前年比で約4割削減）することを発表した時期（2010年7月）にあたる。この発表が、大幅なレアアース価格上昇の引き金となった可能性がある。

表1-6には、上記5種類のレアアース金属のそれぞれについて、2005年から2012年までの各年の7月における価格を示す。この表からも、上記①～④の特徴を読み取ることができる。とりわけ目立つのが上記③の特徴である。2010年7月から2011年7月までの1年間に、5種類のレアアース金属の価格はいずれも10倍前後の水準に上昇した（ランタンは約9.9倍、セリウムは約11.0倍、ネオジムは約9.6倍、テルビウムは約7.1倍、ジスプロシウムは約11.6倍）[101-108]。

このような急激かつ大幅な価格上昇は、レアアースの消費者に幅広く影響を与える。レアアースの消費者には、レアアースを原料とする部品・材料の生産に携わる企業（部材メーカー）、それらの部品・材料を用いる最終製品の生産に携わる企業（セットメーカー）、それらの最終製品を購入する一般消費者が含まれる。

通常、原料価格が上昇した場合には、製品の生産工程の川上から川下に向かって価格転嫁が行われる。すなわち、原料価格の上昇分は、まず原料から直接作られる部品・材料の価格に転嫁され、以後最終製品に至るまで、生産工程の順に転嫁が進む。このため、レアアース価格が上昇すれば、レアアー

表1-6　レアアース輸入価格の推移(2)

	2005年7月	2006年7月	2007年7月	2008年7月	2009年7月	2010年7月	2011年7月	2012年7月
ランタン	4.2	4.7	7.0	13.7	10.0	17.0	169.0	38.0
セリウム	6.4	6.5	8.0	10.0	9.5	15.5	170.0	47.0
ネオジム	11.7	24.0	51.5	42.0	19.5	48.5	465.0	155.0
テルビウム	460.0	700.0	780.0	900.0	600.0	680.0	4860.0	3100.0
ジスプロシウム	65.0	109.0	125.0	158.0	145.0	320.0	3700.0	1450.0

(注) 価格の単位は US$/kg。
(出典)「レアメタルニュース」no. 2248, 2293, 2338, 2381, 2428, 2472, 2520, 2564 より作成。

ス原料を調達して部品・材料の生産を行う部材メーカーのみならず、それ以外の様々なレアアースの消費者にも影響が及ぶことになる。

　ここで特に注意が必要な点は、原料価格の変化に連動して製品価格が設定されるサーチャージ制が採用されている場合を除き、価格転嫁は企業間の交渉を経て実施されることである。したがって、上記③のような急激かつ大幅なレアアース価格の上昇が起きる場合には、サーチャージ制が採用されていない限り、価格転嫁がレアアース価格の上昇に追いつかなくなる可能性が高くなる。また、その際には、生産工程の川上に位置する企業（主に部材メーカー）がレアアース価格の上昇に伴う負担を抱え込むことになりやすい。

　「2011年版ものづくり白書」が指摘するように、日本の部材メーカーの中には高い技術力を有し、特定の部品・材料の生産量に関して世界有数のシェアを持つ企業が多い。レアアースを原料として生産を行う部材メーカーもその中に含まれる[109]。

　このような部材メーカーが、レアアース価格の上昇に伴う負担を抱え込むことによって業績を悪化させ、日本国内における生産活動を継続することができない事態に陥れば、日本の製造業全体に深刻な悪影響が及ぶことになる。

　なお、レアアース価格に関して、顕著な内外価格差が発生しているという指摘がある。例えば、2011年9月時点において、酸化セリウム及び酸化ランタンの中国からの輸出価格は、これらの品目の中国国内における価格の約3〜4倍に達していたことが指摘されている[110]。

　内外価格差の発生により、中国以外の地域においてレアアースを原料とする製品等の生産を行う企業は、中国国内の同業者よりも割高な原料を調達しなければならなくなり、競争上不利な状況に置かれることになる。

7．レアアースに関する6つのキーワード

　次に、以上に述べたレアアースに関する基本情報を踏まえつつ、主に需給に関するレアアースの特徴を、6つのキーワードにまとめて説明する。レアアースの安定的な確保が容易ではない理由を理解するためには、以下の6点を押さえておくことが必要であると考える。

1) 17元素の多様性

　レアアースは17元素の総称である。これらの元素の資源量には大きな差がある（大陸地殻中の存在度は，0.3ppmのルテチウムから33ppmのセリウムまで100倍以上の開きがある）[111]。また，物理的性質（磁気特性，光学特性等）や用途も元素ごとに異なる[112]。さらに，価格についても，資源量の少ないテルビウムやジスプロシウムの価格は，資源量の多いランタンやセリウムの価格の数十倍の水準にある（2012年12月時点）[113]。

　このように様々な面で異なるレアアース17元素を，あたかも一つの元素であるかのようにまとめて論ずることはできない。

　レアアース元素を一括りにして論ずることの不適切さを実感するためには，岡部による「銅族元素」のたとえが良い手がかりになる。岡部は，銅鉱石からまとめて産出する金，銀，銅の3元素を仮に「銅族元素」と呼び，それらを一括りにして議論しようとすれば，いかなる反応が返ってくるだろうかと問う。そして，その上で以下のように述べる。

　　「銅族元素の今後の価格変化は？需要動向は？備蓄の必要性は？」と問いかけても，皆，「それは，銅の話か？金の話か？金と銅では，価格も違うし，また用途も全く異なる。したがって，"銅族元素"とまとめて議論するのは不可能であり，ナンセンスである」と言い出すであろう[114]。

　レアアースには17元素が含まれ，「銅族」の3元素よりも数が多い。その用途は多岐にわたり，資源量，物理的性質，価格もそれぞれ大きく異なる。したがって，誰もが「銅族元素」を一括りにせず，「銅か，金か」を問題にするように，レアアースについて議論する際には「レアアースのどの元素か」を問題にしなければならない[115]。

　レアアースの安定的な確保を目的とする対策について議論が行われる際に，以下の①〜③から成る主張がなされることがある。

　　① ハイブリッド自動車の駆動用モーターにはレアアースが使用される。
　　② ハイブリッド自動車の需要増加に対応するため，レアアースの安定的な確保を目的とする対策の実施が必要である。
　　③ レアアースの安定的な確保のためには，過度の中国依存からの脱却が

必要であり，中国以外の地域での鉱山開発を進めなければならない。

しかし，これは粗雑な議論である。上記①は事実として正しい。上記③も大筋では間違っていない。問題は上記②である。すなわち，漠然とした「レアアース」の確保を目的とする対策の実施が，必ずしもハイブリッド自動車の駆動用モーターに使用されるレアアース元素の確保に資するとは限らないところが，上記の議論の粗雑な部分である。

ハイブリッド自動車の駆動用モーターには，ネオジム磁石が使用される。その主な原料は，鉄，ホウ素，軽希土類のネオジム，耐熱性を高めるために添加される重希土類のジスプロシウム，の4元素である。ここで注意すべきなのは，世界各地に存在するレアアース鉱山の多くは軽希土類に富む鉱山であり，重希土類に富む鉱山は少ないことである。表1-3に示した鉱山の大部分は，ジスプロシウムをほとんど産出しない[116]。

したがって，中国以外の地域において鉱山開発を進めても，開発対象となる鉱山が重希土類をほとんど産出しない場合には，ネオジムの確保に貢献する一方で，ジスプロシウムの確保には貢献しないことになる。ハイブリッド自動車の需要増加に対応するための資源確保を行う際には，漠然とした「レアアース」ではなく，ネオジム及びジスプロシウムを明確なターゲットとする取組が必要とされる。

この例が示すように，レアアースを一括りにして議論することは，問題の所在を不明確にするだけでなく，問題の解決に結び付かない誤った行動を導くおそれがある。レアアースについて議論を行う際には，常に「レアアースのどの元素か」を明確にする必要がある[117]。

2）需給バランスの崩れやすさ

レアアース元素の需給バランスは崩れやすい。これは，鉱石中に多数のレアアース元素が混合した状態で存在することに起因する。

一つの鉱石に多数のレアアース元素が含まれるということは，各元素が互いに他の元素の副産物として産出することを意味する。この関係の下では，特定の元素の生産量を決めると，自動的に他の元素の生産量が定まることになる。

例えば，レアアース生産量が世界最大のBaiyun Obo鉱山（中国内モンゴル

自治区）では，鉱石中に含まれるレアアースの約50％がセリウム，約23％がランタン，約19％がネオジムである[118]。この鉱山で一定量のネオジムを生産する際には，同時にその約2.5倍の量のセリウムを生産することになる。

　他方で，レアアース各元素の需要は，それぞれ他の元素から独立した形で定まる。各元素は互いに異なる用途を持つ。その需要は，各元素を原料とする製品の需要の増減や，技術革新に伴う新用途の誕生等によって絶えず変化する。

　以上の条件の下で，レアアース各元素の需給には非常に高い確率で不一致が生じる。たいていの場合には，資源量が少ない割に需要の多い元素の生産が優先される結果として，資源量が多い割に需要の少ない元素に供給過剰が生じることになる。

　特定の元素に供給過剰が発生すれば，その元素の価格は下落する。また，価格が下落しても買い手のつかない生産物は，在庫として積み上がり，場合によっては廃棄される。このような生産物は収益を生まない一方で，生産・保管・廃棄に係る費用を発生させる。供給過剰は，それが顕著になればなるほど，レアアース鉱山の経営を圧迫する。

　したがって，レアアース鉱山の経営の健全性を保ち，生産活動を長期にわたって継続するためには，各元素の需給の差を出来る限り小さく抑えることが必要になる。しかし，その実現は容易ではない。レアアース鉱山の大部分は，軽希土類に富む鉱山である。その中でも，ランタン及びセリウムは特に多く含まれるため，これらの元素には供給過剰が生じやすい。実際，中国国内では，これらの2つの元素に大幅な供給過剰が生じている模様である[119]。

　現在，世界各地でレアアースの開発・生産プロジェクトが進行中であるが，その大部分は軽希土類に富む鉱山を対象とするものである。レアメタルニュースの見通しによれば，主要なプロジェクトが順調に進むと仮定した場合，数年以内に世界全体の軽希土類の供給量は年間数万トンの規模で増加し，その大部分をランタン及びセリウムの増加が占めることになる[120]。実際にこのような供給の増加が起きれば，急激な需要の増加がない限り，ランタン及びセリウムの供給過剰が深刻化することになる。

　中国以外の地域における生産を増やし，調達先の多角化を図ることは，本来はレアアースの安定的な確保に資するはずである。しかし，各元素の需給バランスに注意が払われることなく，軽希土類に富む鉱山を対象としたプロ

ジェクトが乱立することになれば，各プロジェクトの業績は悪化し，場合によっては事業継続が困難になる事態を招きかねない。

調達先の多角化に限らず，レアアースの安定的な確保を目的とする対策を実施する際には，各元素の需給バランスを整えることに十分な注意を払う必要がある。

3）需要の少なさ

レアアースの需要は比較的少ない。Roskill Information Servicesは，2010年の世界全体のレアアース消費量を12.5万トンと推定している[121]。この規模は，同年の銅，鉛，亜鉛の地金消費量（それぞれ約1,913万トン，約931万トン，約1,237万トン）に比べてはるかに小さい[122]。

レアアースの需要の少なさは，以下の3つの問題の原因となる。

第一の問題は，少数の鉱山によって世界全体の需要を満たすことができるために，供給の寡占化が進みやすくなることである。Roskill Information Servicesによれば，Baiyun Obo鉱山における2010年の生産量は約5万トンである[123]。この鉱山だけで，世界全体の年間需要の約4割を満たすことができる。レアアースの原料市場においては，数万トンの生産高の鉱山を所有することにより，世界全体に大きな影響を与えることが可能になる。

第二の問題は，わずかな需給の変化が相対的に大きな影響を市場に及ぼすことである。レアアース価格は，景気変動や技術革新等に伴う需要の変化，資源国の政策変更や鉱山における障害の発生等に伴う供給の変化，さらには投機的要因の影響を受けて短期間のうちに激しく上下する[124]。需要及び供給の規模が小さいことが，レアアース価格の変化の激しさに拍車をかけている。

第三の問題は，レアアースの開発・生産プロジェクトの実施意欲が高まりづらくなることである。一般的に資源開発プロジェクトは，投資決定の判断から生産開始に至るまでに長い期間を要する。また，生産設備等の初期投資コストが大規模であるために，その回収にも長い期間を要することになる。レアアースの場合も例外ではない。開発・生産プロジェクトを実施する際には，商業的に十分な資源量の発見に至らないという探査リスク，鉱山施設及び周辺インフラへの投資に伴うリスク，資源国による鉱業政策変更のリスク等と対峙し続けなければならない[125]。さらにレアアースの場合には，需要が小さいために，たとえリスクを伴う鉱山開発に成功したとしても，それに見

合う利益を得ることが期待しづらいという要素が加わる。

　最近では，中国による生産・輸出規制の強化やレアアース価格の高騰を背景として，世界各地でレアアースの開発・生産プロジェクトが活発に進められている。しかし，数年前までは，中国以外の地域におけるレアアースの開発・生産に向けた動きは非常に鈍かった。その主な理由として，レアアースの需要が少ないことと，（2010年中盤以降の価格高騰が起きる以前には）レアアースは必ずしも高価な原料ではなかったこと，の２点が挙げられる。

　需要が少なく高価でもない資源の開発・生産は，ビジネスの対象として魅力に乏しい。従来，大部分の鉱山企業や商社がレアアースに注目せず，銅，鉛，亜鉛等のベースメタルや，石油，石炭，鉄鉱石等の開発・生産プロジェクトへの投資を優先していたことは，自然な判断であったといえる[126-127]。

4）需要予測の難しさ

　将来のレアアース需要を的確に見通すことは難しい。需要予測の難しさは，レアアースが「添加剤」として用いられる場合が多いことに起因する。

　レアアースは，製品や部品に少量添加されることによって，その製品・部品の機能や付加価値を高めることに貢献する。このような「添加剤」には，製品の主要な構成元素として比較的安定した需要が見込まれる鉄，アルミ，銅等に比べ，技術革新に伴う需要の急激な変化が起こりやすい。

　特定の原料に，「添加剤」としての新たな用途が発見されれば，その需要は急激に増加する。他方で，特定の原料がこれまでに果たしてきた「添加剤」としての役割を，他の原料がさらに効果的に果たすことのできる技術が開発されれば，前者の原料の需要は急激に減少する。そして，このような技術革新がいつ起きるのかを予測することは非常に難しい。

　レアアースの新たな用途が発見された例としては，サマリウムコバルト磁石の開発（1967年），ランタン－ニッケル系合金が水素吸蔵特性を持つことの発見（1970年，後にニッケル水素電池に応用），ネオジム磁石の開発（1983年）等が挙げられる[128]。これらの技術革新によって，サマリウム，ミッシュメタル，ネオジム，ジスプロシウムの需要は大幅に増加した。

　他方で，今後仮に，ネオジム磁石を上回る性能を持ち，かつレアアース以外の原料から作られる新磁石が開発されれば，ネオジム及びジスプロシウムの需要は大幅に減少する。また，ネオジム磁石に代わる新磁石が開発されな

いとしても，ジスプロシウムを使用せずにネオジム磁石に十分な耐熱性を持たせることのできる技術が開発されれば，ジスプロシウムの需要は大幅に減少する。日本では実際に，新磁石の開発及びジスプロシウムの使用量低減を目標とする技術開発が，産学官の協力の下に進められている（希少金属代替材料開発プロジェクト等）[129]。

　技術革新に伴う新たな用途の発見，あるいは既存の用途の消滅が起こらない場合であっても，レアアース需要は大きく変化することがある。

　一つは，レアアースを原料とする製品の需要が変化する場合である。例えば，ハイブリッド自動車の需要増加は，そのバッテリーとして使用されるニッケル水素電池の需要増加をもたらす。ニッケル水素電池の需要が増加すれば，その負極に使用されるミッシュメタルの需要は増加する[130]。

　もう一つは，製品に用いられる部品の種類が変更される場合である。例えば，液晶ディスプレイのバックライトには，従来はレアアース系蛍光体（イットリウム，ユウロピウム，テルビウム等を原料とする蛍光体）が使用されていた。しかし，最近では，これに代わりLEDが使用されるようになっている。この変更は，蛍光体の原料として用いられる上記のレアアース元素の需要減少をもたらす[131]。

　以上のように，レアアース需要は，技術革新，製品需要の変化，部品の種類変更等の様々な要因の影響を受ける。殊に技術革新が起こる場合には，レアアース需要は急激かつ大幅に変化する。このため，レアアース需要の予測は非常に難しい。

　しかし，将来の需要見通しが立たなければ，リスクを背負い，かつ多大なコストを投じて鉱山開発に取り組む意欲は低下する。需要予測の難しさは，レアアースの安定的な確保に向けた取組を進める上での障害であるといえる。

5）環境汚染を引き起こす危険性

　レアアースを含む鉱物の中には，モナザイトやゼノタイムのように，放射性元素を含むものがある。これらの鉱物からレアアースの生産を行う場合には，放射性物質の処理が課題となる[132]。

　また，放射性元素をほとんど含まない鉱物からレアアースの生産を行う場合にも，採掘及びその後の分離精製工程（レアアース以外の元素からの分離に加え，混合した状態で存在するレアアース元素相互の分離を行い，純度の高

い原料を作る工程)において環境汚染を引き起こす場合がある。

　2012年6月に中国政府が発表した「『中国のレアアースの現状と政策』白書」は，中国国内のレアアース生産に伴う環境汚染の実態について，以下のように述べている。

- レアアースの開採[133]・選鉱・製錬・分離工程のプロセスや技術が遅れているため，地表植生の破壊，水土流出，土壌の汚染や酸化を招いている。農作物の収穫量が減り，作付けすらできない地域もある。
- 大量のアンモニア窒素や重金属汚染物質が発生し，植生や生態環境を破壊し，地表水や地下水，農地が汚染されている。
- 製錬や分離の過程で大量の有毒・有害ガス，高濃度のアンモニア窒素廃水，放射性残渣等の廃棄物が発生する[134]。

　以上のような環境汚染は，中国以外の地域においても発生しうる問題である。レアアースを含有する大規模な鉱床が発見されたとしても，放射性物質の処理の難しさ等の理由により，開発を断念せざるをえないこともありうる。また，開発・生産に踏み切る場合には，十分な環境対策の実施が必要であり，そのためのコストが通常の生産コストに上乗せされることになる。

　なお，中国のレアアース生産現場では，少なくとも過去においては十分な環境対策が講じられてこなかったとする指摘がある。また，このことを，中国が他国に比べて低いコストでレアアースを生産することができた理由の一つに挙げる指摘もある[135-137]。

6）中国の市場支配力の強さ

　『Mineral Commodity Summaries 2011』によれば，中国は2009年時点において，世界のレアアース総生産量の約97％を生産していた[138]。世界各地のレアアースの開発・生産プロジェクトが順調に進めば，この比率は徐々に低下すると見込まれる。しかし，少なくとも当面の間は，中国が圧倒的な供給力を持つ状況が続く可能性が高い。

　中国は，この圧倒的な供給力を背景として，レアアース市場に大きな影響を与えることができる。具体的には，生産規制や輸出規制の強化，あるいは緩和を通じて，国外へのレアアース供給量を調節し，価格に大きな影響を及

ぼすことができる。

　このような中国の市場支配力の強さは，主に以下の2つの問題を生む。

　第一の問題は，消費国のレアアース調達の安定性が，中国の政策動向次第で容易に損なわれうることである。2010年7月にレアアースの輸出数量枠の大幅削減が発表され，その後，翌年中盤までレアアース価格の高騰が続いたことや，同年9月から約2カ月間にわたり中国から日本へのレアアース輸出が停滞したことは記憶に新しい。

　第二の問題は，過度の中国依存からの脱却に向けた消費国の取組が，中国の政策動向次第で進まなくなるおそれがあることである。

　仮に中国が生産規制や輸出規制を緩和し，国外へのレアアース供給量を増やせば，レアアース価格は下落する。価格下落は，特に中国以外の地域におけるレアアースの生産活動に対して悪影響を及ぼす。

　一般的に，中国のレアアース鉱山における単位生産量あたりの生産コストは，中国以外の地域のレアアース鉱山におけるそれに比べて，低い傾向があると考えられる。その主な理由は，中国における人件費及び環境対策費の相対的な低さである。また，Baiyun Obo鉱山のような大規模鉱山の存在や，採掘が容易なイオン吸着鉱の存在も，コスト面での優位性を中国に与えている[139]。

　この点を前提とすれば，レアアース価格の下落局面において真っ先に影響を受けるのは，中国の鉱山ではなく，中国以外の地域の鉱山であると考えられる。中国が国外へのレアアース供給量を顕著に増やせば，価格競争力に劣る中国以外の地域における鉱山の業績は悪化し，場合によっては操業継続が困難になるおそれがある[140-141]。

　鉱山開発に限らず，リサイクルの推進を図る上でも，中国の強力な市場支配力が障害となりうる。大規模なリサイクルの実施は，多数の企業によるリサイクルビジネスへの参入があってはじめて可能になる。しかし，リサイクルを実施するコストがレアアース原料を海外から調達するコストよりも低いか，少なくとも同等程度である状況が継続しない限り，企業のリサイクルビジネスへの参入意欲は高まらない。

　中国の政策動向次第でレアアース原料の価格が大きく変化しうる環境下では，上記の状況が継続する見込みは低く，企業の参入意欲は損なわれる。仮に，リサイクルに参入する企業があっても，中国がレアアースの供給量を顕

著に増やせば，その企業のリサイクル事業継続は困難になるおそれがある。

　以上が，中国が強力な市場支配力を持つことによって生じる問題である。なお，中国のレアアース生産国としての強みは，鉱山における圧倒的な供給力に加え，分離精製工程においても圧倒的な供給力を持つことに基づく。中国以外の地域で鉱石を生産しても，中国以外の地域が十分な分離精製能力を持たなければ，鉱石を中国に輸送して分離精製を行うことになる。過度の中国依存からの脱却を図るためには，中国以外の地域において鉱山開発と分離精製工程の能力増強の両方を進める必要がある[142-143]。

　以上の6点が，主に需給に関するレアアースの特徴として，特に注意を払う必要がある事項である。これらの点を理解することが，効果的なレアアース対策を立案するための前提になると考える。

(1) 文部科学省．"一家に1枚周期表"．第6版，2011-03-25. http://stw.mext.go.jp/shuki/element_b6_4_12k.pdf，(参照 2013-01-18)．
(2) 足立吟也．"希土類元素とは"．希土類の科学．足立吟也編著．化学同人，京都，1999, pp. 3-21.
(3) 岡部徹．特集，レアアース：総論／レアアースの現状と課題．高圧ガス．2011, vol. 48, no. 3, pp. 151-159.
(4) 松本和子．希土類元素の化学．朝倉書店，2008, p. 1.
(5) スカンジウムを除き，イットリウム及びランタノイド15元素を狭義のレアアースとする場合もある．上記注(3)参照．
(6) ランタンは，ランタノイド類似物の意である．このため，厳密にはランタンはランタノイドに含まれない．しかし，最近ではランタンからルテチウムまでの15元素を指すものとして用いられる．上記注(3)参照．
(7) 足立．"希土類元素とは"．pp. 3-21.
(8) 岡部徹．"ネオジム磁石の資源問題と対策"．ネオジム磁石のすべて－レアアースで地球(アース)を守ろう－．佐川眞人監修．アグネ技術センター，2011, pp. 161-190.
(9) 松本．希土類元素の化学．朝倉書店，2008, p. 1.
(10) 岡部．特集，レアアース：総論／レアアースの現状と課題．pp. 151-159.
(11) 岡部徹．特集，レアメタル・レアアースの動向と将来戦略：レアアースの現状と問題．トライボロジスト．2011, Vol.56, No.8, pp. 460-465.
(12) 岡部．"ネオジム磁石の資源問題と対策"．pp. 161-190.
(13) 経済産業省．"レアメタル確保戦略"．2009, 37P. http://www.meti.go.jp/

press/20090728004/20090728004-3.pdf,（参照 2012-09-18）.
(14) Ibid.
(15) レアメタルに対して，銅，鉛，亜鉛等の非鉄金属をベースメタルと呼ぶことがある．ただし，レアメタルの中にも資源量が比較的豊富な金属（ニッケル等）が含まれており，ベースメタルの中にも資源量が比較的少ない金属（鉛等）が含まれている．したがって，一概にレアメタルの方がベースメタルよりも「レア」であるとはいえない．
(16) 岡部．特集，レアアース：総論／レアアースの現状と課題．pp. 151-159.
(17) 岡部．"ネオジム磁石の資源問題と対策". pp. 161-190.
(18) 岡部．特集，レアメタル・レアアースの動向と将来戦略：レアアースの現状と問題．pp. 460-465.
(19) 美濃輪武久．"特集，レアメタルシリーズ2010：希土類磁石から見たレアメタルと磁石応用の今後". 金属資源レポート．JOGMEC, 2011, vol. 40, no. 5, pp. 723-746. http://mric.jogmec.go.jp/public/kogyojoho/2011-01/MRv40n5-05.pdf,（参照2013-01-18）.
(20) 廣川満哉．"特集，レアメタルシリーズ2011：レアアースの需要・供給及び価格の動向". 金属資源レポート．JOGMEC, 2011, vol. 41, no. 2, pp. 155-162. http://mric.jogmec.go.jp/public/kogyojoho/2011-08/MRv41n2-06.pdf,（参照2011-11-18）.
(21) Roskill Information Services. *Rare Earths & Yttrium: Market Outlook to 2015*. 14th ed., London, 2011, pp. 207-212.
(22) 岡部．"ネオジム磁石の資源問題と対策". pp. 161-190.
(23) 国立天文台編．理科年表平成22年．丸善，2009, p. 632.
(24) 宮脇律郎．"希土類の存在". 希土類の科学．足立吟也編著．化学同人，京都，1999, pp. 22-33.
(25) 渡辺寧．"世界の希土類資源". 希土類の材料技術ハンドブック：基礎技術・合成・デバイス製作・評価から資源まで．足立吟也監修，エヌ・ティー・エス，2008, pp. 591-595.
(26) Ibid.
(27) 伊藤博，木村裕司．"希土類鉱石の処理". 希土類の材料技術ハンドブック：基礎技術・合成・デバイス製作・評価から資源まで．足立吟也監修，エヌ・ティー・エス，2008, pp. 615-623.
(28) 岡部．"ネオジム磁石の資源問題と対策". pp. 161-190.
(29) Ibid.
(30) Roskill Information Services. *Rare Earths & Yttrium: Market Outlook to 2015*. 14th ed. pp. 14-15.
(31) 渡辺寧．"鉱石の分布". 希土類の材料技術ハンドブック：基礎技術・合成・デバイス製作・評価から資源まで．足立吟也監修，エヌ・ティー・エス，

2008, pp. 596-601.
(32) 伊藤，木村．"希土類鉱石の処理"．pp. 615-623.
(33) 岡部．"ネオジム磁石の資源問題と対策"．pp. 161-190.
(34) Ibid.
(35) 渡辺寧．"鉱石の生成機構"．希土類の材料技術ハンドブック：基礎技術・合成・デバイス製作・評価から資源まで．足立吟也監修，エヌ・ティー・エス，2008, pp. 602-611.
(36) 岡部．"ネオジム磁石の資源問題と対策"．pp. 161-190.
(37) 渡辺．"鉱石の生成機構"．pp. 602-611.
(38) 中国南部のイオン吸着鉱に類似する鉱床は東南アジア地域にも存在する可能性がある．なお，イオン吸着鉱は，重希土類に富むものだけではなく，軽希土類に富むものも知られている．上記注(37)参照．
(39) U.S. Geological Survey. *Mineral Commodity Summaries 2011*. Reston, 2011, p. 129. http://minerals.usgs.gov/minerals/pubs/mcs/2011/mcs2011.pdf,（accessed 2011-12-01）．
(40) Roskill Information Services は，2011年の中国のレアアース生産量が同年の世界全体の生産量に占める割合を約94％と推定している．下記注(41)参照．
(41) Roskill Information Services. *Rare Earths & Yttrium: Market Outlook to 2015*.14th ed. p. 38.
(42) 現在，世界各地でレアアースの開発・生産プロジェクトが活発に進められている．これが順調に進めば，世界のレアアース総生産量に占める中国のレアアース生産量の割合は徐々に低下すると見込まれる．
(43) 渡辺．"世界の希土類資源"．pp. 591-595.
(44) U.S. Geological Survey. "Rare Earth Elements: Critical Resources for High Technology". USGS Mineral Information: Rare Earths. http://pubs.usgs.gov/fs/2002/fs087-02/,（accessed 2011-12-01）．
(45) Ibid.
(46) 岡部．特集，レアアース：総論／レアアースの現状と課題．pp. 151-159.
(47) 独立国家共同体（Commonwealth of Independent States）の略．
(48) 岡部．"ネオジム磁石の資源問題と対策"．pp. 161-190.
(49) 渡辺．"世界の希土類資源"．pp. 591-595.
(50) U.S. Geological Survey. *Mineral Commodity Summaries 2011*. p. 129.
(51) イオン吸着鉱の正確なレアアース埋蔵量は明らかにされていない．どの程度の供給余力があるのかについても不明である．上記注(48)参照．
(52) 渡辺は，レアアースの埋蔵量を正確に見積もることの困難さについて，大要以下のとおりの指摘を行っている．上記注(49)参照．
・中国やロシアの埋蔵量は公表されていないため，世界全体のレアアース

埋蔵量の正確な見積もりを行うことは現時点では困難である。
　・Mineral Commodity Summariesに示された埋蔵量には，品位が低いために開発が困難な資源や，景観破壊の懸念または放射性物質の処理の困難さから回収が行われない資源も含まれている。実際に開発可能な埋蔵量は，上記文書に示された埋蔵量よりも小さい。

(53)　中国政府は，「『中国のレアアースの現状と政策』白書」（2012年6月発表）において，世界全体のレアアース埋蔵量に占める中国の埋蔵量の割合は23％であると述べている。下記注(54)参照。

(54)　土居正典，渡邉美和. "「中国のレアアースの現状と政策」白書". カレント・トピックス. JOGMEC, 2012, 12-53, 13P. http://mric.jogmec.go.jp/public/current/12_53.html,（参照 2012-11-02）.

(55)　海底には陸上よりもはるかに大規模なレアアース鉱床が存在するという指摘がある。2011年7月に東京大学大学院工学系研究科の加藤泰浩准教授（現在，同研究科教授）らの研究グループは，太平洋海底に大規模なレアアース鉱床（「レアアース資源泥」）を発見したと発表した。加藤らによれば，この「レアアース資源泥」は，中央太平洋（ハワイ付近の約880万平方キロメートルの範囲）及び南東太平洋（フランス領タヒチ付近の約240万平方キロメートルの範囲）の2つの海域だけで，陸上の埋蔵量（1億1千万トン）の約1,000倍存在する。また，ウランやトリウム等の放射性物質をほとんど含まない一方で，重希土類を多く含む。下記注(56)，(57)，(58)参照。

(56)　Kato, Yasuhiro; Fujinaga, Koichiro; Nakamura, Kentaro; Takaya, Yutaro; Kitamura, Kenichi; Ohta, Junichiro; Toda, Ryuichi; Nakashima, Takuya; Iwamori, Hikaru. Deep-sea mud in the Pacific Ocean as a potential resource for rare-earth elements. *Nature Geoscience*. 2011, vol.4, pp. 535-539. http://www.nature.com/ngeo/journal/v4/n8/full/ngeo1185.html,（参照 2013-02-05）.

(57)　"全く新しいタイプのレアアースの大鉱床を太平洋で発見". 東京大学大学院工学系研究科. 2011-07-04. http://www.t.u-tokyo.ac.jp/tpage/release/2011/070401.html,（参照 2013-02-05）.

(58)　NEWTON 別冊：これからの最先端技術に欠かせないレアメタルレアアース. ニュートンプレス, 2011, pp. 94-95.

(59)　"資源確保を巡る最近の動向". 2010-12-07. 総合資源エネルギー調査会鉱業分科会・石油分科会合同分科会第1回, 20P. http://www.meti.go.jp/committee/sougouenergy/kougyou/bunkakai_goudou/001_02_01.pdf,（参照 2011-12-01）.

(60)　レアメタルニュース. アルム出版社, 2011, no. 2481, p. 2.

(61)　レアメタルニュース. アルム出版社, 2011, no. 2507, p. 1.

(62)　レアメタルニュース. アルム出版社, 2012, no. 2524, p. 3.

(63)　Roskill Information Services. *Rare Earths & Yttrium: Market Outlook to 2015*. 14th ed. pp. 204-206, 219-221.

(64) 2010年中盤から2011年中盤にかけてレアアース価格が急激に上昇したことをうけて，多くの需要家は代替材料の活用やレアアースの使用量低減に向けた取組を本格的に進めた。このため，レアアース需要は，少なくとも一時的には減少した。2011年の世界全体のレアアース需要は10万トンを下回ったという見方もある。下記注(65)，(66)参照。

(65) レアメタルニュース．アルム出版社，2012，no. 2522, pp. 1-2.

(66) 工業レアメタル．アルム出版社，2012，no. 128, pp. 59-64.

(67) Roskill Information Services. *Rare Earths & Yttrium: Market Outlook to 2015*. 14th ed. pp. 204-206, 219-221.

(68) JOGMEC．メタルマイニング・データブック2011. 2012, p. 331.

(69) レアメタルニュース．アルム出版社，2012，no. 2558, pp. 1-2.

(70) 土居正典．"中国：最近のレアアース事情"．平成23年度第9回金属資源関連成果発表会．2011-11-25, JOGMEC. http://mric.jogmec.go.jp/public/kouenkai/2011-11/briefing_111125_8.pdf, (参照 2012-04-02).

(71) 中国のレアアース消費量のうち，永久磁石用途の消費量は，5年間で約2.2倍になった(2005年15,404トン，2010年には34,125トン)。蛍光体用途のレアアース消費量は，同じ期間内に約1.8倍になった(2005年2,825トン，2010年の5,000トン)。

(72) レアメタルニュース．アルム出版社，2011，no. 2479, p. 1.

(73) レアメタルニュース．no. 2522, pp. 1-2.

(74) レアメタルニュース．no. 2558, pp. 1-2.

(75) 新金属協会の発表によれば，2007年から2010年までの日本のレアアース需要量は次のとおり。2007年32,390トン，2008年32,064トン，2009年20,518トン，2010年26,665トン，2011年21,080トン。これらの数値と表1-4に示した数値の間には，最大で年間約1万トンの開きがある。下記注(76)参照。

(76) レアメタルニュース．アルム出版社，2011，no. 2520, p. 10.

(77) レアメタルニュース．no. 2522, pp. 1-2.

(78) 工業レアメタル．no. 128, pp. 59-64.

(79) 日本は，国内でレアアース鉱石の生産を行っていないため，リサイクルされた原料を除く全ての原料を海外から輸入している。レアアースのリサイクルについては，ネオジム磁石やニッケル水素電池の製造工程で発生する「工程くず」を原料とするものが実施されている。しかし，使用済製品に含まれるレアアースのリサイクルは，ほとんど実施されていないとみられる。下記注(80)，(81)参照。

(80) 竹下健二，尾形剛志．"希土類元素の特性と需給およびリサイクルの動向"．貴金属・レアメタルのリサイクル技術集成：材料別技術事例・安定供給に向けた取り組み・代替材料開発．エヌ・ティー・エス，2007, pp. 443-464.

(81) JOGMEC. 鉱物資源マテリアルフロー 2010. 2011, p. 400.

(82) 財務省．"貿易統計：品別国別表：輸入". e-Stat. http://www.e-stat.go.jp/SG1/estat/OtherList.do?bid=000000100801&cycode=1,（参照 2013-02-12).
(83) 財務省．"貿易統計：統計品別表：輸入". e-Stat. http://www.e-stat.go.jp/SG1/estat/OtherList.do?bid=000000100803&cycode=1,（参照 2013-02-12).
(84) 表1-5に示した2007年から2012年までのレアアース輸入量は，表1-4に示した同じ期間のレアアース需要量と一致しない。この不一致の原因の一つは，国内のレアアース需要家が在庫の積み増し又は取り崩しを行ったことにあると考えられる。
(85) 財務省．"貿易統計：品別国別表：輸入".
(86) 財務省．"貿易統計：統計品別表：輸入".
(87) 工業レアメタル．no. 128, pp. 59-64.
(88) 岡部．"ネオジム磁石の資源問題と対策". pp. 161-190.
(89) Ibid.
(90) Ibid.
(91) 図1-5及び表1-6に示したのはCIF（運賃・保険料込み）価格。なお，日本におけるレアアース輸入価格のデータは，下記注(92)から注(99)までに示した文献から引用した。
(92) レアメタルニュース．アルム出版社，2006, no. 2248, p. 3.
(93) レアメタルニュース．アルム出版社，2007, no. 2293, p. 6
(94) レアメタルニュース．アルム出版社，2008, no. 2338, p. 6.
(95) レアメタルニュース．アルム出版社，2009, no. 2381, p. 6.
(96) レアメタルニュース．アルム出版社，2010, no. 2428, p. 5.
(97) レアメタルニュース．アルム出版社，2011, no. 2472, p. 1.
(98) レアメタルニュース．no. 2520, p. 10.
(99) レアメタルニュース．アルム出版社，2013, no. 2564, p. 8.
(100) ただし，ネオジム金属の価格は2007年中盤から下落した。
(101) レアメタルニュース．no. 2248, p. 3.
(102) レアメタルニュース．no. 2293, p. 6
(103) レアメタルニュース．no. 2338, p. 6.
(104) レアメタルニュース．no. 2381, p. 6.
(105) レアメタルニュース．no. 2428, p. 5.
(106) レアメタルニュース．no. 2472, p. 1.
(107) レアメタルニュース．no. 2520, p. 10.
(108) レアメタルニュース．no. 2564, p. 8.
(109) 経済産業省，厚生労働省，文部科学省．ものづくり白書．2011年版，2011, pp. 62-66, 114-128.
(110) 経済産業省製造産業局非鉄金属課．レアアース・レアメタル使用量削減・利用部品代替支援事業（平成23年度3次補正予算）．2011, 19P. http://www.

meti.go.jp/information/downloadfiles/c111206a02j.pdf,（参照 2012-09-29）.
(111) 渡辺．"世界の希土類資源"．pp. 591-595.
(112) 岡部．特集，レアアース：総論／レアアースの現状と課題．pp. 151-159.
(113) 2012年12月時点における金属レアアースの輸入価格（CIF日本）は次のとおり。ランタン：26ドル/kg，セリウム：30ドル/kg，テルビウム：2,200ドル/kg，ジスプロシウム：910ドル/kg。上記注(108)参照。
(114) 岡部．特集，レアアース：総論／レアアースの現状と課題．pp. 151-159.
(115) Ibid.
(116) Roskill Information Services. *Rare Earths & Yttrium: Market Outlook to 2015*. 14th ed. pp. 14-15.
(117) 岡部．特集，レアアース：総論／レアアースの現状と課題．pp. 151-159.
(118) Roskill Information Services. *Rare Earths & Yttrium: Market Outlook to 2015*. 14th ed. pp. 14-15.
(119) レアメタルニュース．no. 2481, p. 2.
(120) レアメタルニュースによれば，2010年の中国以外の地域におけるレアアース生産量は4,650トンである。また，同誌は，仮に中国以外の地域において進行中の主要な開発・生産プロジェクトが順調に進めば，2013年の中国以外の地域におけるレアアース生産量は50,900トンに達すると見込む。その内訳は，ランタンが14,200トン，セリウムが23,997トン，ネオジムが7,794トンであり，これらの3元素が全体の9割以上を占める計算になる。上記注(119)参照。
(121) Roskill Information Services. *Rare Earths & Yttrium: Market Outlook to 2015*. 14th ed. pp. 204-206, 219-221.
(122) World Bureau of Metal Statistics. *World Metal Statistics Yearbook 2011*. Ware, 2011, pp. 28, 40, 68.
(123) Roskill Information Services. *Rare Earths & Yttrium: Market Outlook to 2015*. 14th ed. p. 41.
(124) 岡部．"ネオジム磁石の資源問題と対策"．pp. 161-190.
(125) 経済産業省．"レアメタル確保戦略".
(126) 大林は，従来の「商社にとってのレアアースの位置づけ」について，次のように述べる。下記注(127)参照。

> レアアースはその用途，使用量などがまさしく限定的で，かつ少量であった。当然のこととして大規模でのレアアースの開発計画などは存在せず，飽くまで脇役の存在でしかなかった。（中略）低コストで生産可能な中国産レアアースに対抗する術はなかった。もし中国に対抗して開発を進めるとすると，中国が低価格にて出荷してきた場合には，中国以外のプロジェクトは撤退を余儀なくされるという大きなリスクがあった。そのため，商社においてもレアアースに対する位置づけは決して高くなかった。

(127) 大林啓二．特集，レアメタル・レアアースの動向と将来戦略：レアアー

スの偏在状況と商社の役割．トライボロジスト．2011, Vol.56, No.8, pp. 483-488.
(128) 竹田修, 岡部徹．特集, レアメタル・レアアースの動向と将来戦略：レアアースの製錬・リサイクル技術．トライボロジスト．2011, Vol.56, No.8, pp. 466-471.
(129) 新エネルギー・産業技術総合開発機構(NEDO)電子・材料・ナノテクノロジー部, 新エネルギー部．「希少金属代替材料開発プロジェクト」基本計画. P08023, 29P. http://www.nedo.go.jp/content/100084435.pdf, (参照 2012-04-28).
(130) レアメタルニュース．no. 2558, pp. 1-2
(131) レアメタルニュース．アルム出版社, 2012, no. 2559, p. 3.
(132) 岡部．"ネオジム磁石の資源問題と対策". pp. 161-190.
(133) 「『中国のレアアースの現状と政策』白書」の日本語訳(JOGMECによる仮訳)については, 下記注(134)参照．なお, 訳注によれば, 同白書における「開採」は, 多くの場合には「採掘」の意味で用いられているが, 時として「開発と採掘」の意味で用いられている．
(134) 土居, 渡邉．"「中国のレアアースの現状と政策」白書".
(135) 岡部．"ネオジム磁石の資源問題と対策". pp. 161-190.
(136) ただし, 少なくとも最近では, 中国政府はレアアースの生産に関する環境規制の強化に意欲を示している．その一例として, 中国環境保護部が2011年3月に「希土工業汚染物排出標準」を発表したことが挙げられる．下記注(137)参照．
(137) "中国「レアアース工業汚染物排出標準」を発布". 人民網日本語版. 2011-03-02. http://j.people.com.cn/94475/7305481.html, (参照 2012-06-05).
(138) U.S. Geological Survey. *Mineral Commodity Summaries 2011*. p. 129.
(139) 岡部．"ネオジム磁石の資源問題と対策". pp. 161-190.
(140) Ibid.
(141) レアメタルニュース．アルム出版社, 2011, no. 2471, p. 3.
(142) Ibid.
(143) 工業レアメタル．アルム出版社, 2009, no. 125, pp. 6-7.

第2章　中国のレアアース政策

1．本章の構成

　本章では，中国のレアアース政策の主な内容を紹介すると共に，その目的を分析する。

　中国政府は，早くからレアアースを戦略物資として位置づけ，様々な措置を実施してきた。1991年には，レアアースを含む鉱物のうちイオン吸着鉱が，タングステン，錫，アンチモンと共に「国家保護性鉱種」に指定された。そして，これらの鉱種の採掘・製錬・加工・販売・輸出に対する政府の管理を強化する方針が示された[1]。1992年には，中国の実質的指導者であった鄧小平が中国南部を視察した際に，「中東有石油，中国有稀土，一定把我国稀土的優勢発揮出来」（中東に石油があるように，中国にはレアアースがある。レアアースは我が国に必ずや優位性をもたらすだろう）と発言した[2]。

　その後，中国政府は，レアアースに対する輸出規制を強化した。殊に2000年代中盤以降における輸出規制の強化は著しく，輸出数量枠の大幅削減，輸出税の導入・税率の引き上げ，増値税の還付撤廃等の措置が実施された。レアアースの輸出数量枠は，2006年から2012年までの6年間で約半分に削減された（2006年61,560トン，2012年30,996トン）[3-4]。輸出規制の強化は，消費国における供給不安を高めただけでなく，レアアース価格の高騰を招く大きな要因になったと考えられる。

　このほか，中国政府はレアアース分野において，生産規制，環境規制，業界再編等の様々な措置を実施してきた。

　本章では第一に，これまでに中国政府がレアアース分野において実施した

主な措置の内容を説明する。特に，日本をはじめとする消費国に多大な影響を与える輸出規制の実施状況について詳しく述べる。

　第二に，中国のレアアース政策の目的を分析する。ここでは，中国政府がこれまでに発表したレアアース政策に関連する文書の内容や中国政府関係者の発言等を手掛かりにしながら，中国政府がいかなる目的の下に上記の各種措置を実施しているのかを考察する。中国政府は，中国のレアアース産業の抱える主な課題が，①資源の浪費，②環境汚染，③応用技術水準の低さ，④価値と価格の乖離の4点にあると認識しており，その解決のために上記の各種措置を実施しているものと考えられる。

2．中国政府による主な措置の内容

2．1　輸出規制
2．1．1　輸出許可証による輸出管理

　中国政府によるレアアースに対する輸出規制には，主に次の3種類がある。第一に輸出許可証（Export License，以下ではELと略）による輸出管理，第二に輸出税の賦課，第三に増値税の還付撤廃である。これらを順に説明する。

　まず，ELによる輸出管理について述べる。中国政府は，数多くの品目を対象として，ELによる輸出管理を実施している。

　ELによる輸出管理には，細かく分けると3つの種類がある。

　第一は，ELの発給を受けた者のみが輸出を行うことができ，かつ，ELの年間発給量に制限が設けられている（すなわち年間の輸出数量枠が設定されている）管理方法である。このタイプの輸出管理の対象品目は，レアアース，アンチモン，タングステン，亜鉛（鉱石），錫，銀，インジウム，モリブデン，石炭，コークス，原油，精製油，小麦，トウモロコシ，米等である[5]。

　第二は，入札によってELを確保した者のみが輸出を行うことができ，かつ，ELの年間発給量に制限が設けられている管理方法である。このタイプの輸出管理の対象品目は，シリコンカーバイド，マグネシア，アルミナ，滑石，い草等である[6]。

　第三は，ELの発給を受けた者のみが輸出を行うことができるが，ELの年間発給量には制限が設けられていない管理方法である。このタイプの輸出管理の対象品目は，亜鉛（地金，合金），白金，自動車，オートバイ等である[7]。

表2-1に，2006年から2012年までのレアアースの輸出数量枠の推移を示す。レアアースの輸出数量枠は，この表に示す6年間でほぼ半分に削減された。特に，2009年から2010年にかけて約4割の削減が実施されたことが目立つ[8-11]。

　レアアースに対する輸出管理は，輸出数量枠の削減以外の点においても強化されている。

　第一に，ELの発給を受ける企業の数が大幅に減少した。2006年には50社近くの中国企業が発給を受けていたのに対し，2011年に発給を受けた中国企業は22社にとどまった[12-13]。

　第二に，2011年7月に，「10％以上のレアアースを含む鉄合金」が輸出管理の対象に追加された。この変更により，従来から輸出管理の対象とされていたレアアース金属，化合物，混合物に加え，上記に該当する合金の輸出に際してもELが必要とされるようになった[14-15]。これは，レアアースの輸出数量枠が実質的にはさらに狭まったことを意味する。

　第三に，2012年からレアアースの輸出数量枠が「軽希土類」と「中重希土類」に分けて発表されるようになった。2012年の「軽希土類」及び「中重希土類」の輸出数量枠は，それぞれ27,122トン，3,874トンであった[16]。

　2011年までは，レアアースの輸出数量枠の内訳は定められていなかった。この変更は，中重希土類の資源量が相対的に少なく，現時点では中国南部のイオン吸着鉱以外に有力な供給源が存在しないことを踏まえ，特に中重希土類の輸出管理を強化しようとする中国政府の方針を示していると考えられる。

　以上が，輸出許可証による輸出管理の概要である。輸出数量枠の削減をはじめとする輸出管理の強化は，中国のレアアース輸出に様々な影響を及ぼしている。輸出量の減少や輸出価格の大幅な上昇が起きたことはもとより，その他にも以下の2つの影響が生じた。

　第一は，「EL費用」の高騰である。本来ELは，特定の企業に対して無料で発給されるものである。しかし，レアメタルニュースによれば，発給された

表2-1　レアアースの輸出数量枠の推移

2006年	2007年	2008年	2009年	2010年	2011年	2012年
61,560	60,173	47,449	50,145	30,259	30,184	30,996

(注) 数量の単位はトン。
(出典) 土居正典「中国：最近のレアアース事情」；「レアメタルニュース」no. 2544 より作成。

ELは，実際には企業間の売買の対象とされている模様である。ELの発給を受けられなかった企業は，ELの発給を受けた企業に対して「EL費用」を支払うことにより，レアアースの輸出を行う。「EL費用」は，輸出価格に上乗せされる。また，ELの発給を受けた企業自身が輸出する際にも，「EL費用」相当の金額が輸出価格に上乗せされる[17-19]。

2007～2008年頃には，単価の低い品目（ランタン，セリウム等）を中心に，キロあたり2～3ドル程度の「EL費用」が輸出価格に上乗せされていた模様である[20-21]。

ところが，2010年7月に発表された輸出数量枠の大幅削減によって，「EL費用」は大幅に値上がりし，レアアース全品目について輸出価格への上乗せが行われるようになった。2010年下半期には，ランタン及びセリウムの「EL費用」はキロあたり50ドル近くに達し，ネオジム及びジスプロシウムの輸出に際しても，20ドル前後の「EL費用」が上乗せされるようになった模様である[22-23]。

さらに，2012年の輸出数量枠が「軽希土類」と「中重希土類」に分けて発表されたことに伴い，特に中重希土類の「EL費用」が値上がりした。同年3月には，中重希土類の「EL費用」はキロあたり100ドル前後に達したという報道がある[24]。

第二は，中国国内における生産量が多いにも拘らず，単価が低いために輸出が滞る品目が生じたことである。各企業に対するEL発給量は，レアアースの輸出数量及び輸出金額の実績等に基づき決定される。このため，中国においてレアアースの輸出に携わる企業には，レアアースの中で相対的に単価の高い品目の輸出を優先する傾向が生じる[25-26]。

ランタン及びセリウムは，資源量が豊富で中国国内における生産量も多いが，単価が低いために輸出の優先順位において劣後する。輸出数量枠が大幅に削減される中で，相対的に単価の高い品目のために輸出数量枠が消費され，ランタン及びセリウムの輸出が滞る事態が生じた。これらの品目は，中国国内においては安価で供給過剰が続く一方，中国国外では貴重な資源となり，2010年中盤から2011年中盤にかけて価格が高騰した[27-30]。

2.1.2 輸出税の賦課

次に，輸出税の賦課について述べる。2006年11月に中国政府は，レアアー

スを含む各種金属や石炭等の110品目を対象として，輸出税の導入及び税率の引き上げを実施した。この措置により，対象とされた110品目には，10～15％の税率が新たに適用されることになった[31]。その後も，対象品目の追加や税率の引き上げが累次にわたり実施された。輸出税の対象品目の大部分は，原料段階の品目(鉱石，化合物，混合物，金属等)である。

表2-2に，レアアース原料の輸出税率の推移(2006年11月～2012年1月)を示す。2006年11月に，鉱石，化合物，混合物を対象として10％の輸出税が導入された。これを皮切りに，対象品目の追加・細分化や税率の引き上げが累次にわたり実施された。2012年1月時点においては，鉱石及び各種の化合物，混合物，金属に15～25％の税率が適用されている[32-33]。

表2-3には，合金鉄(フェロアロイ)の輸出税率の推移(2008年1月～2012年1月)を示す。この表に掲げた合金鉄は，レアアースを一定割合以上含有する合金鉄である。2009年1月には，「その他のフェロアロイ」を対象として20％の輸出税が導入された。その後は品目が細分化されると共に，2011年1

表2-2 レアアース原料の輸出税率の推移

	2006年11月	2007年6月	2008年1月	2011年1月	2012年1月
レアアース鉱石	10	15	→	→	→
金属ネオジム	0	10	15	25	→
金属ジスプロシウム，その他の金属	0	10	25	→	→
金属テルビウム	－(0)	10	25	→	→
電池用ミッシュメタル，その他の混合物	0	10	25	→	→
セリウムの酸化物，水酸化物，炭化物など	10	→	15	→	→
酸化ランタン，酸化ネオジム，その他の酸化物	10	→	15	→	→
酸化イットリウム，酸化ユウロピウム	10	→	25	→	→
酸化ジスプロシウム，酸化テルビウム	－(10)	→	25	→	→
酸化プラセオジム	－(10)	→	－(15)	→	25
混合塩化物，その他の塩化物，フッ化希土	10	→	15	→	→
塩化ランタン	－(10)	→	－(15)	25	→
塩化テルビウム，塩化ジスプロシウム	－(10)	→	25	→	→
混合炭酸希土，その他の炭酸希土	10	→	15	→	→
炭酸ランタン	－(10)	→	15	→	→
炭酸テルビウム，炭酸ジスプロシウム	－(10)	→	25	→	→
その他の化合物	10	→	25	→	→

(注1) 数値の単位は％。
(注2) 「→」は税率に変化がないことを表す。
(注3) 「－」は統計区分がその時点においては設けられておらず，他の統計区分に含まれていたことを表す。括弧内の数値はその時点における適用税率。
(出典) 『工業レアメタル』no. 127, p. 43；「レアメタルニュース」no. 2519 より作成。

表 2-3 合金鉄（フェロアロイ）の輸出税率の推移

	2008年1月	2009年1月	2010年1月	2011年1月	2012年1月
その他のフェロアロイ	0	20	→	→	→
レアアースが重量で10%以上のその他フェロアロイ	―(0)	―(20)	→	25	→
Nd-Fe-B系ストリップキャスト合金	―(0)	―(20)	0	→	20
Nd-Fe-B系磁石粉	―(0)	0	→	→	→
その他のNd-Fe-B系合金	―(0)	―(20)	20	→	→

(注1) 数値の単位は％。
(注2) 「→」は税率に変化がないことを表す。
(注3) 「―」は統計区分がその時点においては設けられておらず，他の統計区分に含まれていたことを表す。括弧内の数値はその時点における適用税率。
(出典)『工業レアメタル』no. 127, p. 43；「レアメタルニュース」no. 2519 より作成。

月には「レアアースが重量で10%以上のその他フェロアロイ」の税率が25%に引き上げられた。2012年1月時点においては，この表に掲げた品目のうち，「Nd-Fe-B系磁石粉」を除く全ての品目に20～25％の税率が適用されている[34-35]。

輸出税の賦課は，税額相当分が輸出価格に上乗せされることを通じて，中国国外におけるレアアース価格上昇の要因となる。また，中国のレアアース輸出者には，輸出税が賦課されることにより，次の2つの誘因が働く。第一は，課税対象となるレアアース原料の輸出をとりやめて，国内向けの販売に切り替える誘因である。第二は，レアアース原料の輸出をとりやめて，課税対象とならない加工度の高い品目の輸出に切り替える誘因である。この場合には，中国国内におけるレアアース原料の加工が促されることになる。

2.1.3　増値税の還付撤廃

次に，増値税の還付撤廃について述べる。増値税とは，1994年に中国政府が導入した付加価値税の一種であり，国内販売品及び輸出品等に原則17%の税率を適用するものである[36]。

輸出品に関しては，当初は輸出促進の観点から，一旦徴収された増値税の還付が行われていた。ところが，2004年1月以降，主に原料段階の品目（各種金属，原油，石油製品等）を対象として，還付率の引き下げや還付撤廃が実施されている[37]。他方で，加工度の高い品目については，還付率の引き下げ幅が小さい傾向にあり，還付率が引き上げられた品目もある（IT製品，生物医薬製品等）[38-39]。

レアアースについては，2004年1月に鉱石を対象とする還付が撤廃され，化合物，混合物，金属を対象とする還付率が13％から5％に引き下げられた。2005年5月には，化合物，混合物，金属を対象とする還付も撤廃された[40-41]。

増値税の還付率の引き下げ（還付撤廃を含む）は，輸出税率の引き上げと同様の効果を発揮する。特定の品目の輸出に係る増値税の還付率が引き下げられた場合に，輸出者が当該品目の輸出によって従来と同じ利益を上げようとするならば，輸出者は還付率の引き下げ分に相当する金額を輸出価格に上乗せしなければならない。このため，レアアース原料の輸出に係る増値税の還付撤廃は，レアアース原料の輸出価格上昇の要因となる。

また，増値税の還付撤廃によって，中国の輸出者には次の誘因が働く。それは，レアアース原料の輸出をとりやめて，増値税の還付の対象となる加工度の高い品目の輸出に切り替える誘因である。この場合にも，中国国内におけるレアアース原料の加工が促されることになる。

2.1.4　レアアース輸出の停滞

以上の3種類（ELによる輸出管理，輸出税の賦課，増値税の還付撤廃）がレアアースに対する輸出規制に関する主な措置である。

このほか，中国のレアアース輸出に関する最近の大きな動きとして，日本向けのレアアース輸出が停滞したことが挙げられる。本書の冒頭に述べたように，2010年9月下旬から約2カ月間にわたり，中国から日本へのレアアース輸出が停滞した。同年11月下旬以降，輸出は徐々に再開されたが，この輸出の停滞は日本に大きな衝撃を与えた[42-43]。

中国政府は，この輸出の停滞への関与を否定している[44]。しかし，日本，米国，欧州の報道機関は，日本向けのレアアース輸出の停滞と尖閣諸島周辺で発生した中国漁船による日本の海上保安庁巡視船への衝突事件との間に，密接な関係があるという見方を示した[45-51]。この事件の概要は次のとおりである。

2010年9月7日に，尖閣諸島付近の日本領海内において違法操業中の中国漁船が，これを取り締まろうとした海上保安庁の巡視船に衝突した。同8日に海上保安庁は同漁船の船長を公務執行妨害で逮捕し，同9日に船長は那覇地検石垣支部に送検された。船長は，その後約2週間にわたって勾留され，

同24日に処分保留で釈放された[52-53]。

　中国政府は，同11日に東シナ海資源開発に関する日中交渉の「延期」を一方的に発表した。また，同19日には「強烈な反撃措置をとる」旨を発表すると共に，閣僚級以上の往来を一時停止することを発表した。このほかにも，予定されていた日中間の会議や交流事業等が，中国側により一方的に延期されることが相次いだ[54-57]。日本，米国，欧州の報道機関は，日本向けのレアアース輸出の停滞も，このような一連の動きの中で生じたという見方を示している[58-61]。

　このレアアース輸出の停滞と，2010年7月に発表されたレアアースの輸出数量枠の大幅削減が契機となって，日本国内におけるレアアースの供給不安は著しく高まった。日本国内の主要紙は，レアアースに関する報道を頻繁に行うようになり，レアアースが自動車や電気電子機器をはじめとする各種製品の生産に不可欠な資源であることが，広く知られるようになった。また，レアアースの調達を中国からの輸入に過度に依存することの危険性が，実感を伴う形で理解されるようになった。

　レアアースの重要性に関する認識の広がりと供給不安の高まりは，日本政府による大規模なレアアース対策の実施を後押しした。経済産業省は，日本向けのレアアース輸出の停滞が確認された直後の2010年10月1日に，総額1,000億円の予算措置を伴う「レアアース総合対策」を発表した[62-63]。その後も，経済産業省をはじめとする関係省庁は，レアアースの安定的な確保を目的とする様々な対策を実施している。

2.2　生産規制

　中国政府によるレアアースに対する生産規制は，生産数量枠の設定と，その遵守を促すための取組の2点から構成される。

　第一に，生産数量枠の設定について述べる。国土資源部は，「採掘総量規制」により，中国国内におけるレアアースの年間「採掘量」に制限を設けている。また，工業信息化部は，「指令性生産計画」により，中国国内における「鉱産品」及び「精錬分離」製品の年間生産量に制限を設けている。表2-4に，これらの数量枠の推移（2008～2011年）を示す[64-65]。

　従来，国土資源部と工業信息化部は別々に数量枠の設定を行ってきた。しかし，最近では政策の協調が進み，2010年及び2011年には「採掘総量規制」

表 2-4 レアアースの生産数量枠の推移

		2008年	2009年	2010年	2011年
採掘総量規制 (国土資源部)	採掘量の総量	87,620	82,320	89,200	93,800
	うち軽希土類	78,500	72,300	77,000	80,400
	うち重希土類	9,120	10,020	12,200	13,400
指令性生産計画 (工業信息化部)	鉱産品	130,000	119,500	89,200	93,800
	精錬分離	110,890	110,700	86,000	90,400

(注) 数量の単位はトン。酸化物 (REO) ベースの値。
(出典) 「レアメタルニュース」no. 2502；土居正典「中国：最近のレアアース事情」より作成。

における「採掘量」と「指令性生産計画」における「鉱産品」の生産数量枠が一致した[66-67]。

　第二に、生産数量枠の遵守を促すための取組について述べる。従来、中国国内のレアアースの採掘・生産現場においては、中小規模の企業が乱立する状況が生じていた。これらの企業の一部は、鉱山の乱開発・乱掘や需要動向を無視した分離精製設備の拡張を行い、その結果としてレアアースの供給過剰が常態化していた[68-69]。かつては、生産数量枠よりも3〜4割多い量のレアアースが生産され、市場に供給されていたという指摘もある[70]。

　中国政府は、乱開発・乱掘及び分離精製設備の無秩序な拡張と、その結果としての供給過剰の発生を防ぐために、長年にわたりレアアースの採掘・生産現場に対する管理の強化に取り組んでいる。1991年には、イオン吸着鉱を「国家保護性鉱種」に指定し、その採掘・製錬・加工・販売・輸出に対する政府の管理を強化する方針を打ち出した[71-72]。1999年には、国土資源部が「レアアース等8種の鉱産物に対する採掘許可証の交付一時停止に関する通知」を発表した[73]。

　2005年には、国務院が「鉱産資源の開発秩序を全面的に整頓及び規範化することに関する通知」を、国土資源部が「探査許可証と鉱山採掘許可証の規範化問題に関する通知」を、それぞれ発表した。これらの文書は、レアアースを含む各種資源の採掘・生産等に対する管理を強化し、無許可の探査・採掘等の違法行為を厳しく取り締まる方針を示したものである[74]。2008年には、国土資源部が「全国鉱産資源計画(2008〜2015年)」を策定し、レアアース等の保護的採掘が必要とされる鉱物について、採掘量の制限や資源回収率の向上等による資源保全の強化を行う方針を示した[75-76]。

　また、2010年5月には、国土資源部がイオン吸着鉱等における違法採掘の

取り締まりを強化するための特別行動計画を採択した[77]。2011年1月には，同じく国土資源部が，江西省贛州に11カ所の「国家計画鉱区」を設定し，中央政府が同鉱区における採掘・生産を直接管理する方針を打ち出した[78-81]。江西省贛州は，中国南部における最も有力なイオン吸着鉱の産地である。

さらに，同年8月には，工業信息化部等の6省庁が共同で「全国レアアース生産秩序特別整理活動に関する通知」を発表した。この通知において6省庁は，同年8月から12月にかけて，違法採掘や数量枠を超える生産等の取り締まりを実施することを表明した[82-83]。

中国政府は，これらの取組を通じてレアアースの採掘・生産現場に対する管理強化を図り，生産規制の実効性を高めることを目指している。

2.3 環境規制

中国国内のレアアースの採掘・生産現場における中小企業の乱立と，それに伴う鉱山の乱開発・乱掘及び分離精製設備の無秩序な拡張は，供給過剰の問題のみならず，深刻な環境問題を引き起こしてきた。

中国国内におけるレアアースの採掘・生産に伴う環境汚染の発生状況については，中国政府が2012年6月に発表した「『中国のレアアースの現状と政策』白書」の中に記述がある。その主な内容は第1章第7節（35頁）に紹介したとおりである。

中国政府は，深刻な環境問題の改善に向けて，レアアースの採掘・生産に関する環境規制の強化に取り組んでいる。その一例として，環境保護部が2011年3月に「希土工業汚染物排出標準」を発表したことが挙げられる。この文書は，レアアースの生産過程において排出される主な汚染物質に関し，その排出許容量の上限を定めるものである[84-85]。

環境保護部は，この基準に基づいて中国国内のレアアース生産企業の検査を行い，その上で操業許可を与えるとした。また，同部は，一定期間内に基準を満たして操業許可を得ることができない企業に対しては，廃業命令を出すことを表明した[86]。また，2012年からは，レアアース生産企業がELの発給を受けるための条件として，この基準に基づく操業許可を得ることが新たに求められるようになった[87-88]。

中国政府による環境規制の強化は，環境問題の改善のみならず，レアアースの採掘・生産現場に対する管理の強化を目的としていると考えられる。中

国政府は，環境基準を厳しく設定することを通じ，それを満たすことができない企業（資金力に乏しい中小企業等）に対して生産停止や廃業を求めることができる。また，そのことによって，中小企業等による採掘及び生産の拡張に歯止めをかけ，国内のレアアース生産量を抑制することが容易になる。

2.4 業界再編

レアアースの採掘・生産現場における中小企業の乱立を防ぎ，少数の大企業を中心とする強力なレアアース産業を育成することは，中国のレアアース政策における長年のテーマであった。

既に述べたとおり，レアアースの採掘・生産現場における中小企業の乱立は，供給過剰の常態化や深刻な環境問題の発生を招いてきた。また，供給過剰の結果として，殊に2000年代前半にはレアアース価格が低迷し，多くの企業が赤字経営に陥った模様である[89]。

中国政府は，乱開発によって200～300社も誕生したとされるレアアース関連企業を，合併・淘汰によって集約し，大規模で近代的な企業を育成するための業界再編の取組を十年以上前から進めている[90]。

2002年に中国政府は，中国国内のレアアース関連企業を，北部と南部の2大企業集団に集約する構想を示した。この構想における北部とは，内モンゴル自治区や四川省等の軽希土類の主要産地が念頭に置かれており，南部とは，江西省を中心とするイオン吸着鉱の主要産地が念頭に置かれていた模様である[91-92]。

その後，北部においては内モンゴル自治区の大手資源企業を中心とする集約が進んだが，南部における集約は進まなかった。中国のレアアース業界の中には，鉱山企業，分離精製企業，販売企業，輸出企業，加工企業（原料から部品・材料や最終製品を製造する企業）等の様々な企業が存在する。レアメタルニュースによれば，これらの企業は自らの権益を守るために，それぞれ中央政府の各部署や地方政府と結びついて行動している模様である[93-95]。利害関係が錯綜する中で，中国政府が企業の合併・淘汰を推進し，レアアース業界の再編を断行することは必ずしも容易ではなかったと考えられる。

しかし，中国政府は，レアアース業界の再編に強い意欲を燃やし続けてきた。2009年8月には，中国国内で開催されたレアアース関連のシンポジウムにおいて，工業情報化部の幹部が以下の内容を発言した。

- 全国で1,000以上の鉱床・鉱産地があるレアアース資源を北・西・南の3大区[96]に集約管理する。
- 中国のレアアース産業の産業集中度を高め，大型企業を助成する。
- 参入のハードルを高めると共に，既存のレアアース企業については，技術の向上，設備水準の向上，環境保護水準の向上など三方面から淘汰を実施し，まず100社を20社にする割合で集約する[97]。

2010年9月には，国務院が「企業の合併・再編促進に関する意見」を発表した。この文書において，レアアース産業は他の5業種(自動車，鉄鋼，セメント，機械製造，電解アルミ)と共に，政府が企業の合併・再編を重点的に支援する業種として位置付けられた[98-99]。また，2011年5月に国務院が発表した「レアアース業界の持続的かつ健全な発展の促進に関する若干の意見」においては，次の方針が示された。

> 基本的に大企業が主導するレアアース産業構造を構築し，今後1～2年の内に，南方のイオン吸着型レアアース産業について業界トップ3グループへの産業集中度を80％以上にまで高める[100]。

さらに，2012年4月には，中国のレアアース関連企業が構成する業界団体「中国レアアース業協会」が発足した。発足時の参加企業は，大手生産企業を含む百数十社にのぼる。同月に北京で開催された同団体の設立総会には，中央政府のレアアースに関連する部署(国家発展改革委員会，工業信息化部，財政部，国土資源部，環境保護部，商務部等)の幹部が出席した模様である[101-102]。

2.5 その他の措置
2.5.1 外資規制

中国政府は，外国企業による中国国内のレアアース上流分野(採掘，分離精製等)への投資を規制している。

中国政府は，「外商投資方向指導規定」により，外国企業による中国への投資について，業種別に「奨励類」「許可類」「制限類」「禁止類」の4種類に分類する旨を定めている。また，「外商投資産業指導目録」において，上記の4

種類のうち「奨励類」「制限類」「禁止類」にあたる具体的業種名を特定している[103]。

レアアースについては,「レアアースの探査,開発採掘,選鉱」が「禁止類」に,「レアアースの製錬と分離」が「制限類」に分類されている。前者については,外国企業は投資することができない。後者については,中国企業との「合資,合作」でない限り,外国企業は投資することができない[104]。

2.5.2 資源税

中国政府は,2011年4月に資源税の引き上げを実施した。資源税は,各種の天然資源の採掘者・生産者に対して課税される。従来の資源税の税目区分においては,レアアースは「その他非鉄金属鉱石」の一部として取り扱われており,0.4〜2.0元／tの税額が適用されていた。しかし,2011年4月から,レアアースが独立した税目区分として取り扱われることになり,軽希土類には60元／t,中重希土類には30元／tの税額がそれぞれ適用されるようになった[105-106]。資源税の引き上げは,レアアースの生産コスト上昇の要因となる。

2.5.3 備蓄

中国におけるレアアース備蓄の実施状況の詳細は明らかにされていない。しかし,中国政府はレアアース備蓄を強化する方針を表明している。この方針は,「レアアース業界の持続的かつ健全な発展の促進に関する若干の意見」において明確に示されている[107-108]。

中国のレアアース備蓄は,必ずしも供給不足に備えるために実施されているのではなく,むしろレアアース価格の安定を図るために実施されているという見方がある[109]。

中国国内においては,ランタン及びセリウムに大幅な供給過剰が発生している模様である。これは,中国のレアアース鉱山の大部分が軽希土類に富む鉱山であり,その中でもランタン及びセリウムの含まれる割合が高いためである。レアアースの生産量が世界最大のBaiyun Obo鉱山においては,鉱石中に含まれるレアアース量の約半分がセリウム,約4分の1がランタンである[110-111]。

供給過剰を放置し,大量のランタン及びセリウムが市場に出回ることになれば,これらの元素の価格は下落する可能性が高い。しかし,これらの元

素を備蓄し，市場への供給量を抑制すれば，価格の下落を防ぐ効果が働く。Baiyun Obo鉱山が位置する中国内モンゴル自治区においては，地元のレアアース関連企業が地方政府の支援を受けて，数万トン規模のランタン及びセリウム等の備蓄を実施している模様である[112-115]。

3. 中国のレアアース政策の目的

3.1 中国のレアアース産業の課題

以上のように，中国政府は，レアアース分野において輸出規制をはじめとする様々な措置を実施している。これらの措置は，いかなる政策目的に基づいて実施されているのであろうか。

ここでは，中国政府がこれまでに発表したレアアース政策に関連する文書の内容や中国政府関係者による発言等を手掛かりにしながら，以下の4点について順に検討を行うことにより，中国のレアアース政策の目的を理解することを目指す。

① （中国政府が認識するところの）中国のレアアース産業の課題
② 中国のレアアース政策の基本方針
③ 課題と基本方針の関係
④ 前節に述べた各種措置の目的

はじめに，上記①について検討する。中国政府が自国のレアアース産業の課題をどのように認識しているのかについては，同政府が2012年6月に発表した「『中国のレアアースの現状と政策』白書」（以下では「レアアース白書」と略）の中に端的な記述がある。同白書は，中国がレアアース分野において抱える「主な問題点」として5つの点を挙げる。以下にその要点を引用する。

（1）行き過ぎた資源開発
- 半世紀に渡る過度な開発採掘により，中国のレアアース埋蔵量とライフは減少し続けている。
- 南方のイオン吸着型鉱の多くは山間部に点在していて数も多いため，管理コストが高く，監視の目も行き届かないということもあ

り，違法開採[116]が繰り返され，レアアース資源が大きなダメージを被っている。
- 品位の高いものだけを求め，採掘しやすい所しか採掘しないなど，資源回収率が低い。

(2) 生態環境の破壊
- レアアースの開採・選鉱・製錬・分離工程のプロセスや技術が遅れているため，地表植生の破壊，水土流出，土壌の汚染や酸化を招いている。農作物の収穫量が減り，作付けすらできない地域もある。
- 大量のアンモニア窒素や重金属汚染物質が発生し，植生や生態環境を破壊し，地表水や地下水，農地が汚染されている。
- 製錬や分離の過程で大量の有毒・有害ガス，高濃度のアンモニア窒素廃水，放射性残渣等の廃棄物が発生する。

(3) 不均衡な産業構造
- 製錬・分離能力が過剰であるのに対し，レアアース素材や機器の研究開発が進んでおらず，レアアース新素材の開発や応用技術で外国に遅れをとっている。
- レアアース開発業者は小規模事業者が多いため，産業集積度が低く，核心的競争力を擁する大型企業が少ないために業界のモラルが形成されにくく，悪性の過当競争も存在する。

(4) 価値と価格の乖離が甚だしい
- 長期に渡り，レアアースの価値が価格に正当に反映されずに低迷を続けてきた。レアアースの希少価値が正当に評価されずにいるため，生態環境を犠牲にした代償が得られずにいる。

(5) 密輸出の横行
- 中国税関がレアアースの密輸に対する取り締まりを強化しているが，国内外の需要の変化やさまざまな要因により，密輸を完全に封じ込めるまでには至っていない[117]。

同白書による上記(1)～(5)の指摘は，中国政府関係者による過去の発言の内容と重なる点が多い。2009年8月に中国国内で開催されたレアアース関連のシンポジウム(「第一回中国包頭希土産業発展フォーラム」)においては，工

業信息化部の幹部が，中国のレアアース産業の抱える問題点として以下の4点を指摘した。

- 開発・採鉱の方式が粗放であり，資源の浪費がはなはだしい。
- 一部の企業で環境保護意識が軽薄であり，環境汚染問題が発生している。
- 応用技術開発が停滞しており，自主的な技術開発努力が不足している。
- 輸出管理が不十分であり，市場秩序が混乱している[118]。

また，金属時評（日本のレアメタル専門誌）は，国家発展改革委員会関係者及び国土資源部関係者による以下の発言を伝えている（下記2つの引用のうち，前者が国家発展改革委員会関係者の発言，後者が国土資源部関係者の発言）。

- 鉱石採取や製品加工に伴う汚染問題も深刻である。環境問題に対応するには企業の健全化が前提となる。
- 乱開発で（著者注：レアアースの）価格を押し下げられ，大根や白菜のような値段になった。これを加工すれば金やダイヤモンド並みの値段になるわけで，中国国内での付加価値向上を目指したい[119]。

このほか，国家発展改革委員会稀土弁公室が発行するレアアース情報誌「稀土信息」に掲載された記事には，「レアアースは重要で価値ある資源だが，現状の市場価格は十分にその価値を反映していない」という見解が示されている[120-121]。また，2010年7月に温家宝首相（当時）が，中国訪問中のドイツのメルケル首相及び同国の企業関係者に対して，以下の内容を述べたと伝えられている。この発言も，レアアースの「価値と価格の乖離」を意識したものであると考えられる。

中国はレアアースの輸出を停止することは決してしないが，レアアースの取引は適正な価格，適正な数量で行われるべきである[122-123]。

さらに，「中国の貴重な資源であるレアアースが先進国に安値で販売されて

いる」,「先進国がレアアースを原料とする付加価値製品で稼ぐ一方,中国の資源は不当に安く買い叩かれている」等の被害者意識が中国国内には根強いことを伝える報道もある[124-127]。

以上の内容を踏まえれば,中国政府が認識するところの「中国のレアアース産業の課題」は,主に以下の4点に集約されると考えられる。

① 資源の浪費
② 採掘・生産に伴う環境汚染
③ 応用技術水準の低さ,国内における高付加価値化の遅れ
④ 価値と価格の乖離

3.2　中国のレアアース政策の基本方針

これらの課題を踏まえ,中国政府は中国のレアアース産業をいかなる方向へ導こうとしているのであろうか。

中国政府が最近発表した文書のうち,同政府のレアアース分野における政策方針を詳しく示すものは次の2点である。1つは,先に述べた「レアアース白書」である。もう1つは,国務院が2011年5月に発表した「レアアース業界の持続的かつ健全な発展の促進に関する若干の意見」(以下では「若干の意見」と略)である。

「レアアース白書」には,レアアース分野における「基本原則」と「主な目標」が示されている。その内容は以下のとおりである。なお,「主な目標」は,短期的に取り組む目標として掲げられている。

(1) 基本原則
・環境保護と資源節約を堅持する。レアアースの資源開発に対しより厳しい生態環境保護基準と環境に配慮した開採[128]政策を実施し,早急にレアアース管理の法整備を進め,法に依り各種違法行為を厳しく取り締まる。
・総量規制と在庫量の最適化を堅持する。大型企業集団戦略の実施を加速させ,レアアース産業の構造調整を促す。技術革新を積極的に進め,開採・製錬・分離能力を厳しく制限し,旧式設備による生産能力を淘汰し,レアアース産業の更なる集積化を目指す。

- 国内・国外の2つの市場と資源を共に重視する姿勢を堅持する。開採・生産・輸出に対し同時管理を行うと共に，国際交流や提携を奨励する。
- 地方経済・社会の発展との協調を堅持する。全体と一部，現在と将来とのバランスを取りながら，レアアース産業の正常な発展秩序を維持する。

(2) 主な目標
- 秩序ある開発・製錬・分離・市場流通体制を構築し，レアアース資源の過度な開採，生態環境の悪化，盲目的な生産拡大，密輸の横行を食い止める。
- レアアース資源の回収率，選鉱回収率，総合利用率の引き上げを図り，行き過ぎた開発を規制し，可採年数を適正レベルに戻す。
- 廃水・廃ガス・廃棄物の排出が基準を満たすようにし，重点地区の生態環境の復元を図る。
- レアアース業界の合併・再編を急ぎ，一定規模を持ち，高効率でクリーンな大型企業を誕生させる。
- 新製品の開発，新技術の普及応用のスピードアップを図る[129]。

次に，「若干の意見」の要点を紹介する。この文書には，中国政府のレアアース分野における「指導的思想，基本原則，発展目標」と，それらを実現するための具体的な措置が示されている。

(1) 指導的思想，基本原則，発展目標の明確化
- レアアース産業の持続的な発展。
- 環境保護と資源節約のため，違法行為を取り締まる。
- 大型企業が主導するレアアース産業構造の構築（南方のイオン型レアアース産業ベスト3の企業グループの産業集中度を80％以上に高める）。

(2) 健全な産業監督管理システムを確立し，産業管理を強化する
- 「レアアース工業汚染物排出標準」を厳格に執行し，レアアース産業の環境リスク評価制度を制定する。
- レアアースの指令性生産計画管理を改善する。また，レアアース

製錬分離企業に対して，生産許可制を実行する。
- レアアース輸出企業の資質レベルを向上させる。違法行為を行っている企業に対して，法に基づいて相応の法的責任を追及する。
- レアアース輸出管理を強化する。国内資源と生産，消費及び国際市場の状況を考慮して，年度のレアアース輸出割当総量を合理的に確定する。
- レアアース製品価格形成メカニズムを改革して，レアアースの価値と価格の統一を徐々に実現する。
- 法によってレアアースの探査・採掘・製錬・加工・製品流通・応用の普及・戦略的備蓄・輸出入等の段階の管理を強化する。

(3) 法に基づいて良好な産業秩序を的確に維持する
- 不法な採掘や指標の抑制量を超えた採掘を断固として取り締まる。
- 違法生産と計画を超えた生産を断固として取り締まる。
- 生態を破壊し環境を汚染する行為を断固として取り締まる。
- レアアースの不法な輸出及び闇取引行為を断固として取り締まる。

(4) レアアース産業の整理再編を加速し，産業構造を調整・最適化する
- レアアース資源開発の整理再編を深く推進する。
- レアアースの製錬分離総量を厳格に抑制する。
- レアアース産業のM&Aを積極的に促進する。
- 企業の技術開発を推進する。

(5) レアアース資源備蓄を増強し，レアアース関連産業の力強い発展を進める
- 南方のイオン型レアアース（重希土類）と北方のレアアース（軽希土類）採掘を総合的に計画し，戦略的資源備蓄地として，国家の設定鉱区を策定する。
- レアアースの重要な応用技術研究・開発及び産業化を促進する。

(6) 組織のリーダーシップを強化し，良好な発展環境を構築する[130-132]

このほか，中国政府が発表する「五カ年計画」の中にも，同政府のレアアースに関する政策方針を示す記述がある。2006年に発表された「中華人民共和国国民経済・社会発展第11次5カ年計画要綱」には，レアアースに関する以下の記述が盛り込まれている。

レアアース及びタングステン，錫とアンチモンの資源保護を強化し，レアアースのハイテク産業への応用を推進する[133-135]。

また，2011年に発表された「中華人民共和国国民経済・社会発展第12次5カ年計画要綱」には，レアアースに関する以下の記述が盛り込まれている。

- 自動車，鉄鋼，セメント，機械製造，電解アルミ，レアアース，電子情報，医薬品などの業種を重点に，優位な企業による強強連合，地域を越えた合併・再編を推進し，産業の集中度を高める。
- 航空宇宙，エネルギー資源，交通輸送，大型装置などの分野で差し迫って必要な炭素繊維，半導体材料，高温合金材料，超電導材料，高性能レアアース材料，ナノメートル材料等の研究開発と産業化を推進する[136-138]。

以上に紹介した文書において，再三にわたり強調されているのは主に次の4点である。これらの4点が，中国のレアアース政策の基本方針にあたると考えられる。

① 「環境保護」と「資源節約」
② 採掘・生産・輸出等の各段階における違法行為等の防止と政府による管理強化
③ 「合併・再編」による大型企業の育成
④ 応用技術開発と「産業化」の推進

3.3　課題と基本方針の関係

次に，先に述べた4つの課題(資源の浪費，環境汚染，応用技術水準の低さ，価値と価格の乖離)と上記①～④の基本方針との関係について検討する。

中国政府は，これらの4つの課題の解決を主な目的として，上記①～④を基本方針とするレアアース政策を実施していると考えられる。基本方針の各項目と4つの課題との関係は，以下のように整理される。

上記①の方針(「環境保護」と「資源節約」)は，4つの課題のうち，最初の2点(資源の浪費，環境汚染)の裏返しである。

上記②の方針(採掘・生産・輸出等の各段階における違法行為等の防止と政府による管理強化)は、4つの課題のうち、資源の浪費、環境汚染、価値と価格の乖離の3点の改善を目指すものである。

　中国政府は、採掘・生産段階への管理強化を通じて、主に供給過剰や環境汚染の改善を目指している。この点に関連して、「若干の意見」には、「不法な採掘や指標の抑制量を超えた採掘を断固として取り締まる」、「違法生産と計画を超えた生産を断固として取り締まる」、「生態を破壊し環境を汚染する行為を断固として取り締まる」等の記述がある[139-140]。

　また、中国政府は、輸出管理の強化を通じて海外へのレアアース供給量を調整し、レアアース価格の低迷防止を図ろうとしている。「若干の意見」には、「年度のレアアース輸出割当総量を合理的に確定する」、「レアアースの価値と価格の統一を徐々に実現する」、「レアアースの不法な輸出及び闇取引行為を断固として取り締まる」という記述がある[141-142]。

　上記③の方針(「合併・再編」による大型企業の育成)は、4つの課題の全てに関連する。中国のレアアース採掘・生産現場における中小企業の乱立は、供給過剰の常態化と価格の低迷、さらには深刻な環境問題の発生を招いてきた。

　「合併・再編」により、中小企業が乱立する状況を解消すれば、中国政府によるレアアース採掘・生産現場に対する管理は容易になる。そして、「悪性の過当競争」(「レアアース白書」における記述[143])による供給過剰と価格低迷を防止することが可能になる。

　また、環境対策を徹底するためには、「企業の健全化」(上述の国家発展改革委員会関係者による発言[144])が必要である。環境対策の実施には十分な資金力が必要であり、そのためには大型企業の育成が求められる。

　さらに、応用技術開発を進め、レアアースを原料とする高付加価値製品の中国国内における生産を実現するためには、研究開発に十分な投資を行うことができる大型企業の育成が必要である。

　このように、「合併・再編」による大型企業の育成は、4つの課題の全てに関連し、その解決に資するものである。これが、中国政府が長年にわたりレアアース業界の再編に意欲を燃やし続けてきた理由であると考えられる。

　上記④の方針は、応用技術水準の低さという課題の裏返しである。中国政府は、レアアース原料の輸出者にとどまるのではなく、原料から高付加価値

製品までの生産を国内で一貫して行うことを目指している。その理由は，レアアースを原料とする高付加価値製品を国内で開発・生産し，それを輸出することにより，原料の輸出によって得られるよりもはるかに大きな富を生み出すことが可能になるからである。

上述の国土資源部関係者の発言（「（著者注：レアアースを）加工すれば金やダイヤモンド並みの値段になるわけで，中国国内での付加価値向上を目指したい[145]」）は，この方針を端的に示すものである。

以上が，4つの課題と上記①～④の基本方針との関係である。中国のレアアース政策は，中国政府が認識するところの「中国のレアアース産業の課題」の解決を主な目的として，上記①～④の基本方針に沿って実施されているものと考えられる。

3.4　個別の措置の目的

最後に，中国政府がレアアース分野において実施している各種の措置のうち，主要な4つの措置（輸出規制，生産規制，環境規制，業界再編）の目的について検討する。

このうち，業界再編の目的は前項に述べたとおりである。すなわち，中小企業が乱立する状態の解消によって供給過剰と価格低迷の防止を図ることに加え，十分な資金力を持つ大型企業の育成を通じて環境対策と応用技術開発の推進を図ることである。

次に，生産規制と環境規制の目的について述べる。生産規制は，無秩序な採掘・生産による資源の浪費と環境汚染を防ぐことを主な目的として実施されていると考えられる。また，供給過剰による価格低迷を防ぐことも目的の一つであると考えられる。

環境規制の主な目的は，環境問題の改善を図ることである。しかし，それだけではなく，環境基準の厳格化を通じて，それを満たすことができない企業（資金力に乏しい中小企業等）を淘汰するという目的もあると考えられる。企業数が減少すれば，中国政府によるレアアース採掘・生産現場に対する管理は容易になり，生産量を抑制することも容易になる。

輸出規制については，中国政府は「資源及び環境の保護を目的とする措置である」旨の説明を行っている[146-149]。しかし，資源保護や環境保護は，輸出規制という手段によらなくても達成することができる。資源保護は生産規

制の強化によって，環境保護は環境規制の強化によって，それぞれ達成可能である。

それではなぜ，中国政府は過去数年にわたり輸出規制の著しい強化を行ってきたのであろうか。輸出規制の目的は，主に以下の2点であると考えられる。

第一の目的は，価格の低迷を防ぐことである。

中国は，世界のレアアース総生産量の大部分を生産している。中国が輸出数量枠の削減，輸出税の賦課，増値税の還付撤廃等の措置を実施すれば，レアアース価格には強い上昇圧力が働く。中国政府は，輸出規制の実施を通じて，レアアース価格が再び「大根や白菜のような値段」(国土資源部関係者による発言[150])になることを防ぎ，「価値と価格の統一」(「若干の意見」における記述[151-152])の実現を図ろうとしていると考えられる。

第二の目的は，レアアースの応用技術開発と「産業化」を進め，中国国内においてレアアースを原料とする高付加価値製品の生産を実現することである。

レアアースの原料品目を対象とする輸出税の賦課及び増値税の還付撤廃には，原料品目の輸出を抑制し，(これらの措置の対象とされていない)加工度の高い品目の中国国内における生産を促す効果がある。

また，輸出数量枠の削減，輸出税の賦課，増値税の還付撤廃等により，中国国内には割安な原料が豊富に供給される一方で，中国国外には限られた量の割高な原料が供給されることになる。レアアースの内外価格差の発生状況については，第1章第6節(28頁)に述べたとおりである。内外価格差の発生により，中国国内においてレアアースを原料とする製品・部品を生産する企業は，中国国外の同業者よりも有利な条件で生産活動を行うことができる。

さらに，輸出数量枠の削減には，レアアースを原料とする製品・部品を生産する外国企業に対して，その生産拠点の中国への移転を促す効果があると考えられる[153-154]。圧倒的な供給力を持つ中国が輸出数量枠を大幅に削減すれば，中国からの原料輸入に強く依存する海外の企業は，生産活動を継続するために何らかの対策を講じざるを得なくなる。有力な対策の一つは，生産拠点を中国に移転し，輸出数量枠の制約を受けずにレアアースを調達することである。実際，レアアースを原料とする部品の生産に携わる日本企業数社が，これまでに生産拠点の一部を中国に移転している[155-156]。

高付加価値製品・部品を生産する外国企業が，その生産拠点を中国に移転

すれば，中国は原料から製品までの生産を国内で一貫して行うことができるようになる。また，外国企業から中国企業への技術移転が起きる可能性も高まる。

以上の2点が，中国政府が輸出規制を強化する主な目的であると考えられる。このほか，輸出規制の強化の背景には，次の2つの要因があることが指摘されている。

第一の要因は，中国政府にとって，国内関係者との調整を通じて資源の浪費や環境汚染等の課題を解決することが必ずしも容易ではないことである。

中国国内のレアアース企業は，自らの権益を守るために，それぞれが中央政府の各部署や地方政府と結びついて行動している模様である[157-159]。中国政府が合併・淘汰による企業の集約を進め，生産規制や環境規制の実効性を高めるためには，利害関係が錯綜する中，国内の様々なレアアース関係者との厳しい調整を行わなければならない。そして，調整は必ずしも成功するとは限らない。

他方で，輸出規制の強化に関しては，国内関係者との調整は比較的容易であり，しかも輸出量の抑制を通じて間接的に資源の浪費や環境汚染を改善することができる可能性がある。このような実施の手軽さが，輸出規制の強化が実施される要因の一つであるとの指摘がある[160-162]。

第二の要因は，中国にとって，原料を輸出する必要性が薄れていることである。

1980～1990年代には，レアアースを含む各種原料の輸出が，中国にとっては外貨獲得の貴重な手段であり，増値税還付等の手段によって輸出が奨励されていた。しかし，現在では，中国の外貨準備高は世界最大となり[163]，外貨獲得のために原料を輸出する必要性は薄れている[164]。また，中国のレアアース消費量は急激に増加しており，中国国内において生産されたレアアース原料の販売先を海外に求める必要性も薄れている。これらの状況変化も，輸出規制の強化を後押しする要因であるとみられる。

以上に述べたように，中国政府が輸出規制を強化する主な目的は，レアアース価格の低迷の防止と，レアアースの応用技術開発及び「産業化」の推進の2点であると考えられる。これに加えて，輸出規制の実施の手軽さと，原料輸出の必要性の低下という2つの要因が，輸出規制の強化に拍車をかけたものと考えられる。

（1） 馬場洋三．"レアメタルの供給構造の脆弱性（タングステンにみる中国の影響）"．金属資源レポート，JOGMEC, 2005, vol. 35, no. 4, pp. 619-628. http://mric.jogmec.go.jp/public/kogyojoho/2005-11/MRv35n4-08.pdf,（参照2012-05-21）．
（2） 加藤泰浩．太平洋のレアアース泥が日本を救う．PHP研究所，2012, pp. 75-76.
（3） 土居正典．"中国：最近のレアアース事情"．平成23年度第9回金属資源関連成果発表会．2011-11-25, JOGMEC. http://mric.jogmec.go.jp/public/kouenkai/2011-11/briefing_111125_8.pdf,（参照 2012-04-02）．
（4） レアメタルニュース．アルム出版社，2012, no. 2544, p. 6.
（5） Ministry of Commerce of People's Republic of China. "Announcement No. 98 in 2011 of Ministry of Commerce and General Administration of the Customs Publishing Catalogue of Commodities Subject to Export License Administration in 2012". 2012-01-07. http://english.mofcom.gov.cn/article/policyrelease/domesticpolicy/201201/20120107931949.shtml,（accessed 2012-05-21）．
（6） Ibid.
（7） Ibid.
（8） 土居．"中国：最近のレアアース事情"．
（9） レアメタルニュース．no. 2544, p. 6.
（10） 中国商務部は2010年7月に，同年下半期のレアアース輸出数量枠を発表した。この発表により，同年のレアアース輸出数量枠は前年比で約4割削減されることが明らかになった。下記注（11）参照．
（11） "資源確保を巡る最近の動向"．総合資源エネルギー調査会鉱業分科会・石油分科会合同分科会第1回．2010-12-07. 20P. http://www.meti.go.jp/committee/sougouenergy/kougyou/bunkakai_goudou/001_02_01.pdf,（参照 2011-12-01）．
（12） 工業レアメタル．アルム出版社，2009, no. 125, p. 49.
（13） レアメタルニュース．アルム出版社，2011, no. 2495, p. 2.
（14） レアメタルニュース．アルム出版社，2011, no. 2496, p. 2.
（15） レアメタルニュース．アルム出版社，2011, no. 2507, p. 1.
（16） レアメタルニュース．no. 2544, p. 6.
（17） レアメタルニュース．アルム出版社，2010, no. 2456, p. 8.
（18） レアメタルニュース．アルム出版社，2011, no. 2487, p. 1.
（19） レアメタルニュース．no. 2496, p. 3.
（20） 工業レアメタル．アルム出版社，2007, no. 123, p. 44.
（21） 工業レアメタル．アルム出版社，2008, no. 124, p. 134.
（22） レアメタルニュース．アルム出版社，2010, no. 2454, p. 1.
（23） レアメタルニュース．アルム出版社，2010, no. 2466, p. 1.

(24) 増田正則. "希土類：ELプレミアム上昇：中国，中重希土で100ドル". 日刊産業新聞. 2012-03-26.
(25) レアメタルニュース. no. 2454, p. 1.
(26) 工業レアメタル. アルム出版社, 2010, no. 126, pp. 57-58.
(27) Ibid.
(28) レアメタルニュース. アルム出版社, 2010, no. 2457, p. 8.
(29) レアメタルニュース. no. 2544, p. 6.
(30) 2012年から、レアアースの輸出数量枠は「軽希土類」と「中重希土類」に分けて発表されるようになった。2012年の「軽希土類」の輸出数量枠は27,122トンであり、これは同年のレアアース全体の輸出数量枠30,996トンの約88％にあたる（上記注(29)参照）。この変更により、高価格品目の多い中重希土類の輸出を優先するために、低価格品目の多い軽希土類の輸出が滞ることは起こり得なくなった。他方で、中重希土類の輸出数量枠が少量に限定されたことは、現状においては中国以外の地域に有力な供給源の存在しない中重希土類の供給に関する新たな不安材料である。
(31) 経済産業省資源エネルギー庁. "中国の鉱物資源政策について". 総合資源エネルギー調査会鉱業分科会レアメタル対策部会第7回. 2006-11-22, 10P. http://www.meti.go.jp/committee/materials/downloadfiles/g70125b03j.pdf,（参照 2013-03-11）.
(32) 工業レアメタル. アルム出版社, 2011, no. 127, p. 43.
(33) レアメタルニュース. アルム出版社, 2012, no. 2519, p. 1.
(34) 工業レアメタル. no. 127, p. 43.
(35) レアメタルニュース. no. 2519, p. 1.
(36) 納篤. "中国輸出増値税の還付率の調整(低減)：第1部還付率調整の背景と非鉄分野への波及(前篇)". カレント・トピックス, JOGMEC, 2004-03. http://mric.jogmec.go.jp/public/current/04_03.html,（参照 2012-05-26）.
(37) Ibid.
(38) 日本貿易振興機構(JETRO). "増値税の輸出還付率引き下げ等について". http://www.jetro.go.jp/world/asia/cn/law/tax_value02.html,（参照 2012-05-26）.
(39) JETRO上海センター編. "商品の輸出時における増値税還付率の一部調整及び加工貿易禁止類商品目録の増補に関する通知". http://www.jetro.go.jp/world/asia/cn/law/pdf/tax_023.pdf,（参照 2012-05-26）. なお、この文献は、2006年9月14日に中国政府(財政部、発展改革委員会、商務部、税関総署、国家税務総局)が発表した文書の日本語訳(JETRO上海センターによる仮訳)。
(40) JETRO. "増値税の輸出還付率引き下げ等について".
(41) 土屋春明. "最近の中国鉱物資源政策の動向". 金属資源レポート, JOGMEC, 2006, vol. 36, no. 2, pp. 252-261. http://mric.jogmec.go.jp/public/kogyojoho/

2006-07/MRv36n2-05.pdf, (参照 2011-11-18).
(42) レアメタルニュース. no. 2466, p. 1.
(43) 経済産業省. "経済産業大臣記者会見概要(平成22年度)". http://www.meti.go.jp/speeches/daijin_h22.html, (参照 2013-02-06).
(44) Ibid.
(45) Bradsher, Keith. "Amid Tension, China Blocks Vital Exports to Japan." *New York Times*. 2010-09-22. http://www.nytimes.com/2010/09/23/business/global/23rare.html?pagewanted=all&_r=0, (accessed 2013-02-25).
(46) "中国、レアアース対日輸出停止：尖閣問題で外交圧力か". 朝日新聞. 2010-09-24. http://www.asahi.com/special/senkaku/TKY201009230257.html, (参照 2013-02-07).
(47) Hook, Lesile; Soble Jonathan. "China's rare earth stranglehold in spotlight." *Financial Times*. 2012-03-13. http://www.ft.com/cms/s/0/e232c76c-6d1b-11e1-a7c7-00144feab49a.html#axzz2NPyceBjh, (accessed 2013-02-07).
(48) "レアアース対策の成果を次に". 日本経済新聞. 2012-11-05. http://www.nikkei.com/article/DGXDZO48061630V01C12A1PE8000/, (参照 2013-02-25).
(49) レアメタルニュースは，中国政府が2010年9月下旬に，レアアースの輸出を取り扱う企業に対して日本向けのレアアース輸出を自粛するよう求めた，と伝えている。また，同誌によれば，ELの電子申請手続(発給されたELを使って輸出許可を受ける手続)及び通関手続において，日本向けのレアアース輸出を差し止める措置が実施された模様である。下記注(50)，(51)参照。
(50) レアメタルニュース. アルム出版社，2010, no. 2458, p. 8.
(51) レアメタルニュース. アルム出版社，2010, no. 2460, p. 3.
(52) "海保と衝突，中国人船長を逮捕：公務執行妨害容疑". 日本経済新聞. 2010-09-08. http://www.nikkei.com/article/DGXNASDG0800M_Y0A900C1MM0000/, (参照 2013-02-05).
(53) "中国人船長を釈放へ：那覇地検「日中関係を考慮」：尖閣沖衝突，処分保留". 日本経済新聞. 2010-09-24. http://www.nikkei.com/article/DGXNASDG2402E_U0A920C1000000/, (参照 2013-02-05).
(54) 外務省. "尖閣諸島周辺領海内における我が国巡視船に対する中国漁船による衝突事件(中国側とのやりとりを中心にした経緯)". http://www.mofa.go.jp/mofaj/area/china/gyosen-keii_1010.html, (参照 2012-05-28).
(55) "中国，閣僚級の交流停止：尖閣沖衝突，船長の拘置延長に反発". 日本経済新聞. 2010-09-20. http://www.nikkei.com/article/DGXDZO14966490Q0A920C1MM8000/, (参照 2013-02-05).
(56) "中国，日本の訪中団招待延期：尖閣沖衝突巡り：海洋戦略絡み強気". 日本経済新聞. 2010-09-21. http://www.nikkei.com/article/DGXDZO14997170R

20C10A9EE1000/, (参照 2013-02-05).
(57) "尖閣沖衝突, 深まる溝：中国「日本側が不法に囲んだ」". 日本経済新聞. 2010-09-22. http://www.nikkei.com/article/DGXNASGM21038_R20C10A9NN8000/, (参照 2013-02-05).
(58) Bradsher, Keith. "Amid Tension, China Blocks Vital Exports to Japan." *New York Times*. 2010-09-22.
(59) "中国, レアアース対日輸出停止：尖閣問題で外交圧力か". 朝日新聞. 2010-09-24.
(60) Hook, Lesile; Soble Jonathan. "China's rare earth stranglehold in spotlight." *Financial Times*. 2012-03-13.
(61) "レアアース対策の成果を次に". 日本経済新聞. 2012-11-05.
(62) "資源確保を巡る最近の動向".
(63) 経済産業省. "大畠経済産業大臣の閣議後記者会見の概要". 2010-10-01. http://www.meti.go.jp/speeches/data_ed/ed101001j.html, (参照 2013-02-06).
(64) 土居. "中国：最近のレアアース事情".
(65) レアメタルニュース. アルム出版社, 2011, no. 2502, p. 2.
(66) 土居. "中国：最近のレアアース事情".
(67) レアメタルニュース. no. 2502, p. 2.
(68) 納篤. "中国のレア・アース政策動向と2003年需給動向". カレント・トピックス, JOGMEC, 2004-27. http://mric.jogmec.go.jp/public/current/04_27.html, (参照 2011-11-18).
(69) 山岡幸一. "中国レアアース産業の現状と動向及び日本レアアース産業への影響". 金属資源レポート, JOGMEC, 2006, vol. 35, no. 6, pp. 133-137. http://mric.jogmec.go.jp/public/kogyojoho/2006-03/MRv35n6-17.pdf, (参照2011-11-22).
(70) レアメタルニュース. アルム出版社, 2011, no. 2470, p. 2.
(71) 馬場. "レアメタルの供給構造の脆弱性(タングステンにみる中国の影響)". pp. 619-628.
(72) 土居正典, 渡邉美和. "「中国のレアアースの現状と政策」白書". カレント・トピックス. JOGMEC, 2012, 12-53, 13P. http://mric.jogmec.go.jp/public/current/12_53.html, (参照 2012-11-02).
(73) 土屋春明. "激動の中国レアアース－新たな夜明け－". 金属資源レポート, JOGMEC, 2009, vol. 39, no.2, pp.176-183. http://mric.jogmec.go.jp/public/kogyojoho/2009-07/MRv39n2-05.pdf, (参照 2011-11-18).
(74) Ibid.
(75) 土居, 渡邉. "「中国のレアアースの現状と政策」白書".
(76) 中華人民共和国国土資源部. "全国矿产资源规划(2008～2015年)". 2009-01-07. http://www.mlr.gov.cn/xwdt/zytz/200901/t20090107_113776.htm,

（参照 2013-02-26）．
(77) 馬場洋三．"レアアース資源問題"．平成23年度第11回金属資源関連成果発表会．2012-02-08．JOGMEC．http://mric.jogmec.go.jp/kouenkai_index/2012/briefing_120208_4.pdf,（参照 2012-04-02）．
(78) "レアアース国家計画鉱区を設定，国内初"．人民網日本語版．2011-01-20．http://j.people.com.cn/94476/7266891.html,（参照 2012-06-03）．
(79) "中国がレアアース国家計画鉱区を設立した意図"．人民網日本語版．2011-02-15．http://j.people.com.cn/94476/7288597.html,（参照 2012-06-03）．
(80) 多部田俊輔．"レアアース大国揺れる"．日経産業新聞．2012-01-24．
(81) 多部田俊輔．"レアアース戦略：中国に内憂外患"．日本経済新聞．2012-03-05．
(82) 土居．"中国：最近のレアアース事情"．
(83) "中国：工業情報化部他関係6部署，共同でレアアース生産秩序特別整理活動を実施"．ニュース・フラッシュ，JOGMEC, 2011, vol. 18, no. 32. http://mric.jogmec.go.jp/public/news_flash/pdf/11-32.pdf,（参照 2013-02-26）．
(84) 土居．"中国：最近のレアアース事情"．
(85) "中国「レアアース工業汚染物排出標準」を発布"．人民網日本語版．2011-03-02．http://j.people.com.cn/94475/7305481.html,（参照 2012-06-05）．
(86) レアメタルニュース．アルム出版社，2012, no. 2524, p. 3.
(87) Ibid.
(88) レアメタルニュース．アルム出版社，2011, no. 2514, p. 2.
(89) 山岡．"中国レアアース産業の現状と動向及び日本レアアース産業への影響"．pp. 133-137．
(90) "中国のレアアース輸出規制の本質を探る"．金属時評．2010-10-05, no. 2143, pp. 1-5．
(91) 納．"中国のレア・アース政策動向と2003年需給動向"．
(92) 土屋．"激動の中国レアアース－新たな夜明け－"．pp.176-183．
(93) レアメタルニュース．no. 2495, p. 2.
(94) レアメタルニュース．no. 2519, p. 1.
(95) レアメタルニュース．アルム出版社，2012, no. 2525, p. 4.
(96) 北区は内モンゴル・山東の各省区，西区は四川省，南区は江西・広東・福建・湖南・広西の各省区を指す．下記注（97）参照．
(97) 渡邉美和．"中国レアアース産業の再編動向"．金属資源レポート，JOGMEC, 2011, vol. 40, no. 6, pp. 857-870. http://mric.jogmec.go.jp/public/kogyojoho/2011-04/MRv40n6-04.pdf,（参照 2011-11-18）．
(98) 伊藤忠商事調査情報部．"中国経済情報：2010年11月号"．2010, 6P. http://www.itochu.co.jp/ja/business/economic_monitor/pdf/2010/20101115_CN.pdf,（参照 2012-06-06）．

（99） "中国，レアアース企業を90社から20社に統合へ". 中国網日本語版. 2010-09-10. http://japanese.china.org.cn/business/txt/2010-09/10/content_20904281.htm,（参照 2012-06-06）.

（100） 土居正典，渡邉美和. "中国・南方レアアース産業の最近の再編動向". カレント・トピックス. JOGMEC, 2011, 11-41, 9P. http://mric.jogmec.go.jp/public/current/11_41.html,（参照 2012-11-18）.

（101） 多部田俊輔. "中国レアアース団体発足：採掘や加工など155社参加". 日経産業新聞. 2012-04-10.

（102） "中国レアアース業協会：設立総会に加盟142社". 日刊産業新聞. 2012-04-10.

（103） JETRO. "中国：外資に関する制限：制限業種・禁止業種：詳細". http://www.jetro.go.jp/jfile/country/cn/invest_02/pdfs/010011300302_031_BUP_0.pdf,（参照 2013-03-14）.

（104） 渡邉美和. "中国，「外商投資産業指導目録（2011年修訂）」を公布". カレント・トピックス. JOGMEC, 2012, 12-13, 7P. http://mric.jogmec.go.jp/public/current/12_13.html,（参照 2012-04-02）.

（105） 土居，渡邉. "「中国のレアアースの現状と政策」白書".

（106） 渡邉美和. "非鉄金属産業に関わる2011年の中国の税制の動向". カレント・トピックス. JOGMEC, 2012, 12-13, 7P. http://mric.jogmec.go.jp/public/current/12_12.html,（参照 2012-04-02）.

（107） 廣川満哉，渡邉美和. "国際レアアースサミット（2011）報告". カレント・トピックス. JOGMEC, 2011, 11-36, 7P. http://mric.jogmec.go.jp/public/current/11_36.html,（参照 2011-11-18）.

（108） 中華人民共和国国務院. "国务院关于促进稀土行业持续健康发展的若干意见". 2011-05-10. http://www.gov.cn/zwgk/2011-05/19/content_1866997.htm,（参照 2012-06-08）.

（109） "中国，価格安定に向けレアアースの備蓄を検討＝中国証券報". ロイター. 2012-06-01 http://jp.reuters.com/article/worldNews/idJPTYE85004L20120601,（参照 2012-06-08）.

（110） レアメタルニュース. no. 2460, p. 3.

（111） レアメタルニュース. アルム出版社，2011, no. 2481, p. 2.

（112） レアメタルニュース. no. 2460, p. 3.

（113） レアメタルニュース. no. 2466, p. 1.

（114） レアメタルニュース. no. 2544, p. 1.

（115） 比較的資源量の少ない中重希土類についても，2012年7月に中国国家発展改革委員会国家物資備蓄局が備蓄を実施したとする報道がある。上記注（114）参照。

（116） 「『中国のレアアースの現状と政策』白書」の日本語訳（JOGMECによる仮

訳)については，下記注(117)参照。なお，訳注によれば，同白書における「開採」は，多くの場合には「採掘」の意味で用いられているが，時として「開発と採掘」の意味で用いられている．

(117) 土居，渡邉．"「中国のレアアースの現状と政策」白書"．
(118) 土居正典，渡邉美和，上木隆司．"中国のレアアース資源の管理強化と『2009～2015年レアアース工業発展計画改訂(案)』の概要"．カレント・トピックス．JOGMEC, 2009, 09-43, 9P. http://mric.jogmec.go.jp/public/current/09_43.html, (参照 2011-11-18).
(119) "中国のレアアース輸出規制の本質を探る"．金属時評．no. 2143, pp. 1-5.
(120) 「稀土信息」に掲載された記事の日本語訳については，下記注(121)参照．
(121) 土屋．"激動の中国レアアース－新たな夜明け－"．pp.176-183.
(122) 経済産業省通商政策局編．不公正貿易報告書：WTO協定及び経済連携協定・投資協定から見た主要国の貿易政策．2012年版，p. 260.
(123) Qin, Jize. "Premier Wen reassures foreign investors". *China Daily*. 2010-07-19. http://www.chinadaily.com.cn/china/2010-07/19/content_10121146.htm, (accessed 2013-02-13).
(124) レアメタルニュース．アルム出版社，2008, no. 2371, p. 3.
(125) レアメタルニュース．アルム出版社，2009, no. 2411, p. 1.
(126) レアメタルニュース．アルム出版社，2010, no. 2449, p. 1.
(127) レアメタルニュース．no. 2454, p. 2.
(128) 「開採」の意味については，上記注(116)参照．
(129) 土居，渡邉．"「中国のレアアースの現状と政策」白書"．
(130) 本文に示した「若干の意見」の要点は，下記注(131)に示した文献に拠る．なお，「若干の意見」の中国語原文については，下記注(132)参照．
(131) 廣川，渡邉．"国際レアアースサミット(2011)報告"．
(132) 中華人民共和国国務院．"国务院关于促进稀土行业持续健康发展的若干意见"．
(133) 「中華人民共和国国民経済・社会発展第11次５カ年計画要綱」の日本語訳（日中経済協会による訳）については，下記注(134)参照．なお，同文書の中国語原文については，下記注(135)参照．
(134) "中華人民共和国国民経済・社会発展第11次５カ年計画要綱．http://www.jc-web.or.jp/JCObj/Cnt/11%EF%BC%8D5%E8%A8%88%E7%94%BB%E9%82%A6%E8%A8%B3.pdf, (参照 2013-03-15).
(135) "中华人民共和国国民经济和社会发展第十一个五年规划纲要"．中华人民共和国中央人民政府．2006-03-14. http://www.gov.cn/gongbao/content/2006/content_268766.htm, (参照 2012-06-10).
(136) 「中華人民共和国国民経済・社会発展第12次５カ年計画要綱」の日本語訳については，下記注(137)参照．なお，同文書の中国語原文については，下記

注（138）参照．
(137) 田中修．"附録：第12次5カ年計画要綱"．2011～2015年の中国経済 [第12次5カ年計画を読む]．蒼蒼社，2011, pp. 227-300.
(138) "国民経済和社会发展第十二个五年规划纲要（全文）"．2011年全国"两会"．2011-03-16. http://www.gov.cn/2011lh/content_1825838.htm,（参照 2012-06-10）.
(139) 廣川，渡邉．"国際レアアースサミット（2011）報告"．
(140) 中華人民共和国国務院．"国务院关于促进稀土行业持续健康发展的若干意见"．
(141) 廣川，渡邉．"国際レアアースサミット（2011）報告"．
(142) 中華人民共和国国務院．"国务院关于促进稀土行业持续健康发展的若干意见"．
(143) 土居，渡邉．"「中国のレアアースの現状と政策」白書"．
(144) "中国のレアアース輸出規制の本質を探る"．金属時評．no. 2143, pp. 1-5.
(145) Ibid.
(146) 2012年3月の日本，米国，欧州によるWTO協定に基づく協議要請（日米欧は，中国によるレアアース等に対する輸出規制はWTO協定に違反すると主張）を受けて，中国政府関係者（外交部報道官，工業信息化部幹部，商務部報道官）は，輸出規制は資源と環境の保護を目的とした措置である，という趣旨の発言を行った．下記注(147), (148), (149)参照．
(147) 山川一基，吉岡桂子．"レアアース争奪火ぶた：日米欧，中国をWTOに提訴へ"．朝日新聞．2012-03-14.
(148) "WTOに協議要請：日・米・EU：中国の輸出規制で"．日刊産業新聞．2012-03-15.
(149) "「レアアース輸出管理政策は正当」中国商務省が強調"．日刊産業新聞．2012-03-19.
(150) "中国のレアアース輸出規制の本質を探る"．金属時評．no. 2143, pp. 1-5.
(151) 廣川，渡邉．"国際レアアースサミット（2011）報告"．
(152) 中華人民共和国国務院．"国务院关于促进稀土行业持续健康发展的若干意见"．
(153) レアアースを原料とする部品の生産に携わる日本企業の関係者は，レアアースに対する輸出規制に関する中国側の姿勢について次のように指摘する．下記注(154)参照．

　　（筆者注：レアアース原料が）ショートして大変ならば，例えば電気自動車の駆動用モーターなど「レアアースの応用製品の生産は中国に来てやりなさい」と川下分野での中国進出にドライブをかけさせようとしている．

(154) レアメタルニュース．no. 2470, p. 2.
(155) Ibid., pp. 4-6.

(156) レアメタルニュース．アルム出版社，2012, no. 2523, p. 3.
(157) レアメタルニュース．no. 2495, p. 2.
(158) レアメタルニュース．no. 2519, p. 1.
(159) レアメタルニュース．no. 2525, p. 4.
(160) レアメタルニュース．no. 2495, p. 2.
(161) レアメタルニュース．no. 2519, p. 1.
(162) レアメタルニュース．no. 2525, p. 4.
(163) Central Intelligence Agency. "The World Factbook: Country Comparison: Reserves of Foreign Exchange and Gold". https://www.cia.gov/library/publications/the-world-factbook/rankorder/2188rank.html,（accessed 2012-06-13）．
(164) 工業レアメタル．no. 123, p. 44.

第3章　輸出規制とWTO協定

1．本章の構成

　本章では，中国による輸出規制とWTO協定[1]との関係について検討を行う。
　2012年3月に，日本，米国，欧州は，中国によるレアアース等に対する輸出規制（輸出税及び輸出数量制限等）がWTO協定に違反すると主張し，WTO協定に基づく協議要請を行った[2]。
　この協議要請は，日本の各種報道機関が「WTO提訴」と伝えたものであり，WTOの紛争解決手続を利用することによって，中国によるレアアース等に対する輸出規制の問題を解決しようとする取組である。本件（以下では，中国レアアース等輸出規制事件と略）は，日本が中国に対して「WTO提訴」を行った初めての紛争案件である[3]。
　日米欧の主張に対し，中国は，レアアース等に対する輸出規制は資源と環境の保護を目的とするものであり，WTO協定上正当な措置である旨を主張した[4-6]。本件は協議によって解決しなかったことから，2012年7月には，本件に関するWTOの紛争解決小委員会（パネル）が設置された。今後は，中国によるレアアース等に対する輸出規制がWTO協定違反にあたるかどうかをめぐり，同パネルの判断が下されることになる（2012年末時点において，同パネルの判断を示す報告書は発表されていない）[7]。
　本章の構成は以下のとおりである。
　第一に，WTO及びその紛争解決手続の概要について説明する。
　第二に，輸出規制に関する過去の主要な紛争案件を紹介する。WTOの紛争解決手続において，輸出規制をめぐる紛争案件が取り扱われた例は非常に少

ない。ただし，ごく最近になって，中国レアアース等輸出規制事件に非常に良く似た紛争案件がWTOの紛争解決手続に付託され，パネル及び上級委員会（後述）における審理が行われた。

その案件とは，中国による9種類の原材料（ボーキサイト，コークス，蛍石，マグネシウム，マンガン，シリコンカーバイド，金属シリコン，黄リン，亜鉛）に対する輸出規制をめぐる紛争案件である（以下では，中国原材料輸出規制事件と略）。2009年夏に米国，欧州，メキシコは，中国による上記品目に対する輸出規制（輸出税及び輸出数量制限等）はWTO協定違反にあたると主張し，WTO協定に基づく協議要請を行った。その後，パネル及び上級委員会における審理が行われ，2012年2月に上記品目に対する輸出税及び輸出数量制限等の措置はWTO協定違反にあたる，という結論が確定した[8]。

中国原材料輸出規制事件の結論は，中国レアアース等輸出規制事件に関する今後の審理において，重要な先例としての役割を果たすことになると考えられる[9]。そこで，中国原材料輸出規制事件の経緯，主な争点，パネル及び上級委員会の判断の内容を詳しく説明する。

第三に，中国原材料輸出規制事件の結論を参考にしながら，中国によるレアアースに対する輸出規制のうち，輸出税及び輸出数量制限とWTO協定との関係について検討を行う。ここでは，少なくともレアアースに対する輸出税の賦課はWTO協定違反にあたる，という判断が示される可能性が高いことを指摘する。

第四に，輸出規制をめぐる問題に関してWTOの紛争解決手続を利用する意義を述べる。主な意義として，中国及びその他の国々による輸出規制の強化に歯止めをかけること，貿易紛争の政治問題化を防ぐこと[10]，輸出規制に関するルールの明確化を図ることが挙げられる。

2．WTOの概要

世界貿易機関（World Trade Organization：WTO）は，1995年1月に設立された国際機関である。WTOは，その前身にあたる「関税及び貿易に関する一般協定」（General Agreement on Tariffs and Trade：GATT）を発展的に解消する形で設立された[11-16]。

WTOの主な目的は，自由（貿易障壁の軽減）・無差別（差別待遇の廃止）の原

図 3-1　WTO 協定の構造

```
世界貿易機関を設立するマラケシュ協定（WTO 設立協定）
├── 物品の貿易に関する多角的協定［附属書 1A］
│   ├── 千九百九十四年の関税及び貿易に関する一般協定
│   │   （1994 年のガット）
│   ├── 農業に関する協定
│   ├── 衛生植物検疫措置の適用に関する協定（SPS）
│   ├── 繊維及び繊維製品（衣類を含む。）に関する協定
│   ├── 貿易の技術的障害に関する協定（TBT）
│   ├── 貿易に関連する投資措置に関する協定（TRIM）
│   ├── アンチ・ダンピング協定
│   ├── 関税評価に関する協定
│   ├── 船積み前検査に関する協定（PSI）
│   ├── 原産地規則に関する協定
│   ├── 輸入許可手続に関する協定
│   ├── 補助金及び相殺措置に関する協定（SCM）
│   └── セーフガードに関する協定
├── サービスの貿易に関する一般協定（GATS）［附属書 1B］
├── 知的所有権の貿易関連の側面に関する協定（TRIPS）
│   ［附属書 1C］
├── 紛争解決に係る規則及び手続に関する了解［附属書 2］
├── 貿易政策検討制度（TPRM）［附属書 3］
└┄┄ 複数国間貿易協定［附属書 4］
     ├── 民間航空機貿易に関する協定
     └── 政府調達に関する協定
```

(出典) 経済産業省通商政策局編『不公正貿易報告書』(2012 年版) p. 218；松下・清水・中川編『ケースブック WTO 法』p. 2 より作成。

則を，貿易をはじめとする各国間の経済関係に広く適用することを通じて，世界経済の発展を図ることである[17]。「世界貿易機関を設立するマラケシュ協定」(以下，WTO設立協定と略)の前文には，WTOの目的に関して，次の文言が盛り込まれている。

　生活水準を高め，完全雇用並びに高水準の実質所得及び有効需要並びに

これらの着実な増加を確保し並びに物品及びサービスの生産及び貿易を拡大する[18-19]。

WTO協定は，WTO設立協定及びその附属書から構成される（図3-1参照）。同協定が規律する範囲は，物品の貿易，サービス貿易，知的財産権など，国際経済関係の幅広い領域にわたる。WTO設立協定の前文によれば，WTO協定は，「関税その他の貿易障害を実質的に軽減し及び国際貿易関係における差別待遇を廃止する」ために締結される「相互的かつ互恵的な取極」である[20-22]。

附属書１Ａは物品の貿易，１Ｂはサービス貿易，１Ｃは知的財産権に関する協定であり，附属書２は紛争解決手続について規定する。このほか，附属書３（貿易政策検討制度）及び附属書４（複数国間協定）がある。附属書４を除く各協定（附属書１Ａから附属書３まで）は，WTO設立協定と一体を成し，全加盟国に適用される。WTOに加盟する場合には，附属書４（複数国間協定）を除く全ての協定への加盟が義務付けられる（一括受託方式）[23-24]。

3．WTOの紛争解決手続

WTO協定に関する何らかの紛争が加盟国の間に発生した場合，加盟国は同協定の定める紛争解決手続を利用することができる。WTOの紛争解決手続は，加盟国により頻繁に利用されている。1995年１月のWTO設立から2012年３月までの間に，WTOの紛争解決手続の下で434件の紛争案件が提起された[25-26]。

WTOの紛争解決手続の流れを図3-2に沿って説明する。WTOの紛争解決手続の根拠規定には，GATT第22条，第23条及び「紛争解決に係る規則及び手続に関する了解」（附属書２）等がある[27-29]。

WTO協定をめぐって加盟国間に紛争が起きた場合，第一に行われるのは紛争当事国（以下，当事国と略）同士による協議である。GATT第22条は，協定の運用に関するものであれば，加盟国はいかなる問題についても協議を申立てることができるとする。また，GATT第23条は，次の場合に加盟国は協議を申立てることができるとする。

第3章 輸出規制とWTO協定　83

図3-2　WTOの紛争解決手続の流れ

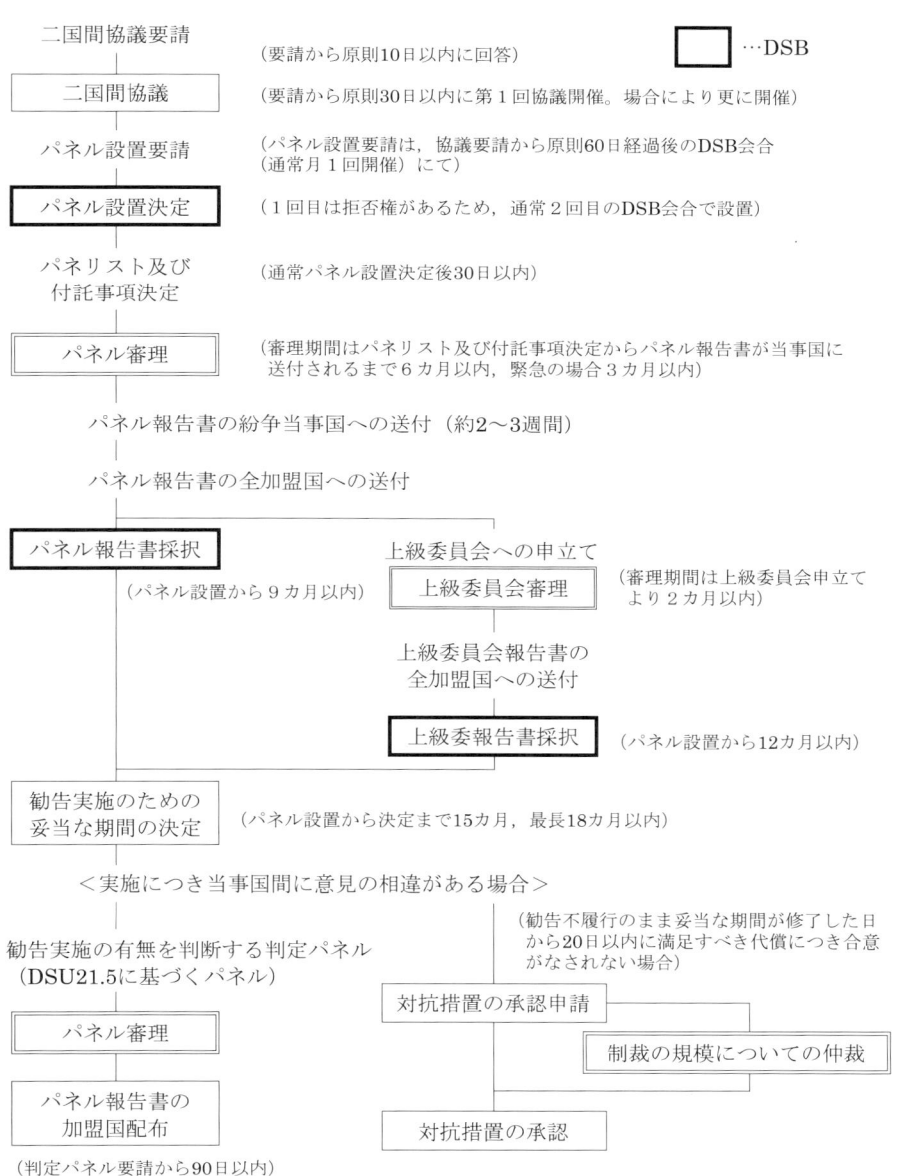

二国間協議要請
（要請から原則10日以内に回答）　☐ …DSB

二国間協議
（要請から原則30日以内に第1回協議開催。場合により更に開催）

パネル設置要請
（パネル設置要請は、協議要請から原則60日経過後のDSB会合（通常月1回開催）にて）

パネル設置決定
（1回目は拒否権があるため、通常2回目のDSB会合で設置）

パネリスト及び付託事項決定
（通常パネル設置決定後30日以内）

パネル審理
（審理期間はパネリスト及び付託事項決定からパネル報告書が当事国に送付されるまで6カ月以内、緊急の場合3カ月以内）

パネル報告書の紛争当事国への送付（約2～3週間）

パネル報告書の全加盟国への送付

パネル報告書採択　上級委員会への申立て
（パネル設置から9カ月以内）　上級委員会審理　（審理期間は上級委員会申立てより2カ月以内）

上級委員会報告書の全加盟国への送付

上級委報告書採択　（パネル設置から12カ月以内）

勧告実施のための妥当な期間の決定
（パネル設置から決定まで15カ月、最長18カ月以内）

＜実施につき当事国間に意見の相違がある場合＞

勧告実施の有無を判断する判定パネル（DSU21.5に基づくパネル）

（勧告不履行のまま妥当な期間が修了した日から20日以内に満足すべき代償につき合意がなされない場合）

対抗措置の承認申請

制裁の規模についての仲裁

パネル審理

パネル報告書の加盟国配布

対抗措置の承認

（判定パネル要請から90日以内）

（出典）経済産業省通商政策局編『不公正貿易報告書』(2012年版) p. 479；松下・清水・中川編『ケースブックWTO法』p. 5より作成。

(a) 他の締約国[30]がこの協定に基く義務の履行を怠った結果として，(b) 他の締約国が，この協定の規定に抵触するかどうかを問わず，なんらかの措置を適用した結果として，又は(c)その他のなんらかの状態が存在する結果として，この協定に基き直接若しくは間接に自国に与えられた利益が無効にされ，若しくは侵害され，又はこの協定の目的の達成が妨げられていると認めるとき[31-33]

協議開始から原則60日以内に協議による解決が成立しない場合には，協議の申立てを行った国(以下，申立国と略)は紛争解決小委員会(パネル)の設置要請を行うことができる。そして，紛争は，WTO一般理事会の付置機関である紛争解決機関(Dispute Settlement Body, 以下ではDSBと略)に付託される。パネルの設置は，遅くとも設置要請のあったDSB会合の次の会合において，ネガティブ・コンセンサス方式(全会一致の反対がない限り採択される方式)によって決定される[34-37]。

パネルは，パネリスト及び付託事項を決定した上で審議を開始し，中間報告書を当事国に送付してレビューを行う。その後，最終報告書をDSB及び当事国を含む全加盟国に送付する。パネリスト及び付託事項の決定から最終報告書が当事国に送付されるまでの期間は，原則6カ月以内とされている。報告書の内容は，問題とされた措置等に関する事実関係，当事国の主張，パネルによる法的判断等から成る。DSBは報告書をネガティブ・コンセンサス方式で採択するが，当事国が報告書の論旨に異議を有する場合には，常設の上級委員会に上訴することができる[38-40]。

上級委員会はパネルが示した法的判断を審査し，これに対して支持，修正，あるいは破棄の判断を下す。上級委員会の報告書はパネルの報告書と共にDSBに提出され，DSBはこれをネガティブ・コンセンサス方式によって採択する(報告書の採択はパネル設置から原則12カ月以内)[41-44]。

以上の手続において，加盟国による特定の措置がWTO協定違反にあたると認定された場合には，DSBは当該加盟国に対してその是正を勧告する。勧告が履行されたかどうか等をめぐって当事国間に意見の相違がある場合には，パネルの判断を仰ぐことができる[45-47]。

なお，勧告が妥当な期間(標準は報告書の採択から15カ月)内に履行されない場合には，当事国は代償に関する交渉を行う。この交渉が合意に至らなけ

れば，申立国はDSBの承認を得て，対抗措置(WTO協定上の義務履行の停止)を実施することができる。ここでもDSBは，ネガティブ・コンセンサス方式によって対抗措置を承認する。対抗措置は，問題とされた措置と同一の分野における実施が優先される。ただし，これが不可能であるか，もしくは効果的ではない場合には，他の分野における実施も可能である。対抗措置の程度は，申立国が被った無効化・侵害の程度と同等とすることが定められている[48-50]。

4. 輸出規制に関する過去の紛争案件

4.1 日米半導体協定事件，アルゼンチン皮革事件

次に，輸出規制に関する過去の主要な紛争案件を紹介する。WTOの紛争解決手続の下で提起された紛争案件の数は，これまでに400件以上にのぼる[51]。しかし，輸出規制に関する紛争案件は非常に少なく，GATT時代の紛争案件を含めても数件にすぎない。天然資源や食料の輸出規制の問題に大きな注目が集まるようになったのは，少なくともGATT／WTOの枠組の中ではごく最近の話である[52-53]。以下では，輸出規制に関する過去の主要な紛争案件として，3つの案件を紹介する。

第一は，日米半導体協定をめぐる日本と欧州の紛争である。本件はGATT時代に争われたものであり，パネルの報告書は1988年5月に採択された。

日米半導体協定は1986年に締結されたが，同協定では日本政府が日本の半導体市場に対する外国企業のアクセスを確保することや，日本から米国及び第三国に輸出される半導体の価格を監視すること等が規定されていた[54-55]。

欧州は，同協定について，米国製半導体の日本市場に対する優先的アクセスを認めるものであり，GATT第1条(最恵国待遇)に違反すると主張した。また，同協定において定められた第三国向けの輸出価格の監視は，一定価格以下の輸出を制限するものであり，GATT第11条(数量制限の一般的廃止)に違反すると主張した[56-57]。

これに対しパネルは，日本市場へのアクセスに関して米国製半導体が優先的に取り扱われているという証拠は見いだせず，GATT第1条に対する違反は認められない，という判断を示した。他方で，第三国向けの輸出価格の監視についてはGATT第11条に違反する，という判断を示した[58-60]。

第二は，アルゼンチンからの皮革の輸出をめぐるアルゼンチンと欧州の紛争である。本件はWTO設立後に争われたものであり，パネルの報告書は2001年2月に採択された。本件において問題とされたのは，アルゼンチン政府がその規則により，同国における皮革の輸出検査に，国内の皮革加工業界団体の関係者を臨席させていたことであった[61-62]。

　欧州は，アルゼンチンの皮革加工業界団体の関係者が，当該業界の生産する製品の原料にあたる皮革の輸出検査に臨席することは，皮革の輸出を阻害する効果を持つものであり，GATT第11条に違反すると主張した。また，この臨席は，加盟国が貿易に関する法令，規則，その他の措置を統一的，公平的，合理的に実施しなければならないことを定めたGATT第10条第3項(a)に違反すると主張した[63-64]。

　これに対しパネルは，皮革加工業界団体の関係者による輸出検査への臨席が皮革の輸出を阻害しているという事実は立証されておらず，GATT第11条に対する違反は認められない，という判断を示した。他方でパネルは，業界団体の関係者を臨席させる措置は，当該業界団体に対して，皮革輸出業者の氏名等の秘密情報を知り得る機会を与えるものであると判断した。そして，この臨席措置を定めた規則は，公平かつ合理的に適用されているとはいえないことからGATT第10条第3項(a)に違反する，という判断を示した[65-67]。

4.2　中国原材料輸出規制事件
4.2.1　概要と経緯

　輸出規制に関する紛争案件の第三は，本章の冒頭に述べた中国原材料輸出規制事件である。本件において問題とされたのは，中国による9種類の原材料及びその加工品・半加工品を対象とする輸出規制（輸出税及び輸出数量制限等）がWTO協定違反にあたるかどうかである。9種類の原材料とは，ボーキサイト，コークス，蛍石，マグネシウム，マンガン，シリコンカーバイド，金属シリコン，黄リン，亜鉛である[68-69]。

　本件は，次の2点において重要な意味を持つ。第一に，本件では，上述の2つの紛争案件とは異なり，輸出税及び輸出数量制限がWTO協定違反にあたるかどうかが正面から争われた。本件のパネル及び上級委員会の報告書に示された判断は，輸出税及び輸出数量制限とWTO協定との関係をめぐる今後の紛争案件において，重要な先例としての役割を果たすことになると考えられ

る[70]。第二に，本件において問題とされた中国による輸出規制は，同国によるレアアースに対する輸出規制との類似性が非常に高い。両者は共に原料段階の品目を対象とするものであり，輸出税及び輸出数量制限がその中心にあたる。

これらの点を踏まえれば，本件のパネル及び上級委員会の報告書に示された判断は，中国によるレアアースに対する輸出規制（特に輸出税及び輸出数量制限）がWTO協定違反にあたるかどうかを検討する上で，非常に重要な手掛かりを与えるものであると考えられる。

以下では，本件の経緯，主な争点，WTO協定等の関連条文，パネル及び上級委員会の報告書の要点を紹介する。

はじめに，本件の経緯について述べる。中国による各種原材料に対する輸出規制に関しては，WTOの紛争解決手続に付される以前から，日本，米国，欧州等が懸念を表明していた。これらの3カ国・地域は，2001年の中国のWTO加盟以降，WTOの「経過的検討制度」（Transitional Review Mechanism, 以下ではTRMと略）や「貿易政策検討制度」（Trade Policy Review Mechanism, 以下ではTPRMと略）を活用して，中国による各種原材料に対する輸出規制について累次にわたり懸念を表明し，その改善を求めてきた[71-86]。

しかし，TRM及びTPRMにおいて議論が行われたものの，中国による各種原材料に対する輸出規制は改善されなかった。そこで，2009年6月に米国と欧州が，中国による上述の9種類の原材料に対する輸出規制はWTO協定に違反すると主張し，WTO協定に基づく協議要請を行った。同年8月にはメキシコも同様の協議要請を行った[87]。

この協議によっても問題の解決には至らなかったため，米国，欧州，メキシコは同年11月にパネルの設置を要請し，同年12月にパネルが設置された。パネルによる審理の結果，2011年7月に，問題とされた中国による輸出税及び輸出数量制限等の措置はWTO協定に違反する，という判断を示すパネル報告書が加盟国に送付された[88]。

中国は同報告書の内容を不満として，同年8月に上級委員会への上訴を行った。しかし，2012年1月にパネルの判断を概ね支持する内容の上級委員会報告書が加盟国に送付され，同年2月にパネル及び上級委員会の報告書は採択された[89-90]。

なお，日本は本件に第三国（third party）として参加した。第三国とは，パネルに付託された問題について実質的な利害関係を有し，かつ，その旨をDSBに通報した加盟国のことを指す。第三国はパネル及び上級委員会に対して意見書を提出し，パネル会合及び上級委員会会合において意見を述べることができる。本件には，日本のほかに，アルゼンチン，ブラジル，カナダ，チリ，コロンビア，エクアドル，インド，韓国，ノルウェー，台湾，トルコ，サウジアラビアが第三国として参加した[91-93]。

4.2.2　主な争点

次に本件の主な争点について述べる。本件において争われたのは，中国による9種類の原材料（ボーキサイト，コークス，蛍石，マグネシウム，マンガン，シリコンカーバイド，金属シリコン，黄リン，亜鉛）及びその加工品・半加工品を対象とする輸出規制がWTO協定に違反するかどうかである[94-95]。

申立国（米国，欧州，メキシコ）が問題とした中国による輸出規制は，①輸出税，②輸出数量制限（輸出禁止を含む），③輸出許可，④最低輸出価格の4種類の措置とその運用である。申立国は，これらの輸出規制は国際市場における上記原材料の品不足及び価格上昇を招く一方で，中国国内向けには十分な量の原材料を低く安定した価格で供給するものであり，中国国内の産業に著しく有利な立場（significant advantage）を与えている，と主張した[96-98]。

以下では，上記の4種類の輸出規制のうち，本件の最も重要な争点となった輸出税及び輸出数量制限とWTO協定との関係に焦点を絞って説明を進める。この点に関する申立国及び被申立国（中国）の主張の要点は，それぞれ以下のとおりである。

申立国は，ボーキサイト，コークス，蛍石，マグネシウム，マンガン，金属シリコン，黄リン，亜鉛に対する輸出税の賦課は，「中華人民共和国の加盟に関する議定書」（Protocol of the People's Republic of China，以下では加盟議定書と略）第11条第3項に違反する，と主張した。また，ボーキサイト，コークス，蛍石，シリコンカーバイドに対する輸出数量制限と亜鉛に対する輸出禁止は，GATT第11条第1項，加盟議定書第1条第2項，「中国の加盟に関する作業部会報告書」（Report of the Working Party on the Accession of China，以下では作業部会報告書と略）パラグラフ162及び165に違反する，と主張した。作業部会報告書は，中国のWTOへの加盟条件を審査するために設

けられた作業部会の報告書である[99-104]。

これに対し中国は，問題とされた輸出税が加盟議定書第11条第3項に違反し，輸出数量制限がGATT第11条第1項に違反することについては，ほとんど争わなかった。その一方で，これらの輸出規制はGATT第11条第2項(a)及びGATT第20条によって正当化されるとして，以下の3点を主張した。

① 蛍石に対する輸出税の賦課はGATT第20条(g)によって，コークス，マグネシウム，マンガン，亜鉛に対する輸出税の賦課はGATT第20条(b)によって，それぞれ正当化される
② 難燃性ボーキサイト(refractory-grade bauxite)に対する輸出数量制限は，GATT第11条第2項(a)，もしくはGATT第20条(g)によって正当化される
③ コークス及びシリコンカーバイドに対する輸出数量制限はGATT第20条(b)によって正当化される[105-108]

4.2.3　関連条文

ここで，申立国及び中国がそれぞれの主張の中で言及した条文(GATT，加盟議定書，作業部会報告書の条文)について説明する。まず，申立国が言及した条文(加盟議定書第1条第2項及び第11条第3項，GATT第11条第1項，作業部会報告書パラグラフ162及び165)について述べる[109]。

加盟議定書は，中国のWTO加盟にあたり結ばれた法的文書であり，中国は同議定書に定められた様々な事項の遵守を約束している。同議定書の第1条第2項は，同議定書全体及び作業部会報告書の特定のパラグラフ(同報告書パラグラフ342に列挙されたパラグラフ)に記載された中国の約束が，「WTO協定の不可分の一部を成す」と定めている。したがって，中国は同議定書全体及び作業部会報告書の特定のパラグラフにおける約束を履行するWTO協定上の法的義務を負っている[110-111]。

加盟議定書第11条第3項は，次のとおり定める。同項において，中国は，WTO加盟にあたり原則的に輸出税を撤廃することを約束している[112]。

> 中国は，この議定書の附属書6に特定して記載されているか，またはGATT第8条の規定(著者注：輸入及び輸出に関する手数料等に関する規

定)に適合して課税される場合を除き、輸出品に課税される税及び課徴金をすべて廃止する[113]。

同議定書の附属書6には、中国がWTO加盟後においても例外的に輸出税を賦課することができる84品目が、それぞれの税率と共に記載されている。また、附属書6の注には、次の文言が置かれている。

中国は本附表中の関税水準が最高水準であり、これを超えることがないことを確認した。さらに例外的な状況を除き現在実施している税率を超えないことも確認した。これらの状況が出現した際には、関税引上げ実施の前に影響を受ける加盟国と協議し、双方が等しく受け入れ可能な解決方法に達することを期す[114]。

GATT第11条第1項は、次のとおり定める。同項は、輸入及び輸出に係る数量制限や許可制を一般的に禁止するものである。

締約国は、他の締約国の領域の産品の輸入について、又は他の締約国の領域に仕向けられる産品の輸出若しくは輸出のための販売について、割当によると、輸入又は輸出の許可によると、その他の措置によるとを問わず、関税その他の課徴金以外のいかなる禁止又は制限も新設し、又は維持してはならない[115]。

作業部会報告書のパラグラフ162及び165は、共に「WTO協定の不可分の一部を成す」と位置付けられている規定である[116]。パラグラフ162は、次のとおり定める。

中国代表は、中国が非自動輸出許可及び輸出制限に関してWTOの規定を遵守することを確認した。(中略)さらに、輸出制限及び許可は、加入の日(著者注：中国のWTO加盟日)以後は、GATTの規定によって正当化される場合についてのみ適用される。作業部会は、これらの約束に留意した[117]。

また，パラグラフ165は，次のとおり定める。

> 中国代表は，加入の時点で，輸出に関する残存非自動輸出制限は毎年WTOへ通報され，また，WTO協定または議定書案に基づき正当化される場合を除き撤廃されることを確認した。作業部会は，この約束に留意した[118]。

次に，中国が言及した条文（GATT第11条第2項(a)及びGATT第20条）について述べる。GATT第11条第2項は，同条第1項が定める数量制限等の禁止の例外にあたる措置について定めるものである。具体的には(a)から(c)までの措置が列挙されており，うち(a)は次のとおりである。

> 輸出の禁止又は制限で，食糧その他輸出締約国にとって不可欠の産品の危機的な不足を防止し，又は緩和するために一時的に課するもの[119]。

GATT第20条は，GATTの諸規律からの例外について定めるものである。まず，同条柱書を以下に示す。

> この協定の規定は，締約国が次のいずれかの措置を採用すること又は実施することを妨げるものと解してはならない。ただし，それらの措置を，同様の条件の下にある諸国の間において任意の（著者注：従来から「任意の」と訳されているが，原文はarbitraryであり，本来は「恣意的」と訳すことが適切である[120]）若しくは正当と認められない差別待遇の手段となるような方法で，又は国際貿易の偽装された制限となるような方法で，適用しないことを条件とする[121]。

その上で，同条は，例外にあたる措置として(a)から(j)までを列挙する。本件において中国は，これらのうち(b)及び(g)を根拠として，輸出規制は正当化されると主張した。

> (b) 人，動物又は植物の生命又は健康の保護のために必要な措置
> (g) 有限天然資源の保存に関する措置。ただし，この措置が国内の生産

又は消費に対する制限と関連して実施される場合に限る[122]。

このように，GATT第20条は，柱書と(a)から(j)までの各号から成り立っている。柱書には，各号に定める措置の濫用を防ぐ役割がある。GATT違反にあたる何らかの措置が，GATT第20条によって正当化されるためには，当該措置が各号のいずれかに該当するだけでなく，柱書の要件(恣意的ではなく，差別的ではなく，偽装された貿易制限ではないこと)を満たさなければならない[123]。

なお，GATT第11条第2項やGATT第20条を援用し，特定の措置が正当化されることを主張する際には，その主張を行う当事国が，正当化に必要な要件が満たされていることを立証する責任を負うことになる。本件においては，中国がこの責任を負った[124-125]。

4.2.4　パネル報告書
4.2.4.1　輸出税について

次に，本件のパネル報告書が示した判断のうち，輸出税及び輸出数量制限とWTO協定との関係に関する判断の要点を紹介する。

まず，輸出税について述べる。中国は，本件のパネルが設置された2009年時点において，本件の対象となった9種類の原材料のうち，ボーキサイト，コークス，蛍石，マグネシウム，マンガン，金属シリコン，黄リン，亜鉛に対して輸出税を賦課していた[126-127]。

申立国は，黄リンを除く上記原材料は加盟議定書附属書6に記載されていない品目であり，また，黄リンについては同附属書6に記載された輸出税率(20％)に加えて，特別の輸出税率(50％)が適用されていた，と指摘した。その上で，これらの原材料に対する輸出税の賦課は加盟議定書第11条第3項に違反する，と主張した。これに対し中国は，蛍石に対する輸出税の賦課はGATT第20条(g)によって，コークス，マグネシウム，マンガン，亜鉛に対する輸出税の賦課はGATT第20条(b)によって正当化される，と主張した[128-130]。

この争点についてパネルは，ボーキサイト，コークス，蛍石，マグネシウム，マンガン，金属シリコン，亜鉛に対する輸出税の賦課は，加盟議定書第11条第3項に違反する，と判断した。他方で黄リンに対する輸出税について

は，パネル設置前の2009年7月に特別輸出税が撤廃され，その後は附属書6に記載された税率が適用されているとして，違反を認定しなかった[131-132]。

その上でパネルは，加盟議定書の義務に対する違反についてGATT第20条の例外規定を援用することが可能かどうかを検討した。この点に関するパネルの結論は，GATT第20条を援用することはできないというものであり，その主な理由は以下のとおりである[133-134]。

まず，過去の紛争案件（中国の出版物等の貿易権及び流通サービスに関する措置をめぐる案件）においては，加盟議定書の義務に対する違反についてGATT第20条の援用が認められたことがある。同案件において上級委員会は，加盟議定書第5条第1項にWTO協定を引用する文言（「WTO協定と適合した態様で貿易を規制することについての中国の権利を害することなく」）があることを根拠に，同議定書第5条第1項違反についてはGATT第20条を援用できる，と判断した[135-138]。

他方で，本件で問題とされているのは，加盟議定書第11条第3項違反についてGATT第20条を援用することができるかどうかである。加盟議定書第11条第3項には，同議定書第5条第1項のような形でWTO協定を引用する文言は含まれていない[139-142]。

パネルは，GATT第20条における「この協定」（同条柱書は，「この協定の規定は，締約国が次のいずれかの措置を採用すること又は実施することを妨げるものと解してはならない。」と規定）はGATTのことを意味しており，同条が規定する例外はGATTのみに関連する，とした。そして，仮にGATT第20条を加盟議定書第11条第3項に援用することが意図されていたのであれば，援用を可能とする何らかの文言が同条同項中に挿入されていなければならないが，実際にはそのような文言は存在しない，と指摘した[143-145]。

以上を踏まえ，パネルは，加盟議定書第11条第3項違反についてGATT第20条を援用することはできず，ボーキサイト，コークス，蛍石，マグネシウム，マンガン，金属シリコン，亜鉛に対する輸出税の賦課はGATT第20条によって正当化されない，と判断した[146-150]。

4.2.4.2　輸出数量制限について

中国は，パネルが設置された2009年時点において，本件の対象となった9種類の原材料のうち，ボーキサイト，コークス，蛍石，シリコンカーバイド

に対して輸出数量制限を適用し，亜鉛については輸出を禁止していた[151]。

申立国は，これらの原材料に対する輸出数量制限及び輸出禁止は，GATT第11条第1項，加盟議定書第1条第2項，作業部会報告書パラグラフ162及び165に違反すると主張した。これに対し中国は，難燃性ボーキサイトに対する輸出数量制限は，GATT第11条第2項(a)又はGATT第20条(g)によって正当化されると主張した。また，コークス及びシリコンカーバイドに対する輸出数量制限はGATT第20条(b)によって正当化されると主張した[152]。

この争点についてパネルは，中国によるボーキサイト，コークス，蛍石，シリコンカーバイド，亜鉛に対する一連の措置は，GATT第11条第1項に違反する，と判断した[153-154]。

その上でパネルは，GATT第11条第1項違反について，GATT第11条第2項(a)，GATT第20条(b)及び(g)による正当化が可能かどうかを検討した。既に述べたように，これらの例外規定による正当化が可能であることを立証する責任は中国が負うことになる。パネルは，これらの規定の解釈を示した上で，中国がこの責任を果たしているかどうかを判断した[155]。

1）GATT第11条第2項(a)

GATT第11条第2項(a)は，「食糧その他輸出締約国にとって不可欠の産品の危機的な不足を防止し，又は緩和するために一時的に課するもの」であれば「輸出の禁止又は制限」が例外的に認められることを定めている。ここで問題になるのは，条文中の「不可欠の産品」，「危機的な不足」，「一時的に課する」の解釈である[156-158]。

パネルは，「不可欠の産品」における「不可欠(essential)」は，「重要(important)」，「必要(necessary)」，又は「不可欠(indispensable)」を意味する，という解釈を示した。その上で，特定の産品が締約国にとって「不可欠(essential)」であるかどうかは，この規定を援用しようとする締約国が直面した「特定の状況(particular circumstances)」を考慮に入れて判断しなければならない，とした[159-161]。

「危機的な不足」については，恒常的な措置ではなく，一時的な措置によって防止又は緩和することができる状況を意味するとした。そして，「一時的に課する」における「一時的(temporarily)」の通常の意味は，「当面(for a time)」や「限定された期間(during a limited time)」であり，GATT第11条

第2項(a)は，限定された期間のみに適用される措置を許容する規定である，とした[162-163]。

さらにパネルは，GATT第20条(g)との兼ね合いからも，GATT第11条第2項(a)が許容する措置は限定された期間のみに適用される措置に限るべき，という考えを示した。仮にGATT第11条第2項(a)が許容する範囲を広く解し，長期間にわたって実施される措置を正当化する規定であると捉えると，単一の状況(重要資源の恒常的不足に対応する措置の実施)に対してGATT第11条第2項(a)及びGATT第20条(g)の両方を適用しうることになるが，そのような重複は避けるべきと考えられるからである[164-165]。

以上の解釈を示した上で，パネルは，(中国がGATT第11条第2項(a)による輸出数量制限の正当化を主張する)難燃性ボーキサイトが中国にとって「不可欠の産品」であることを認めた。その一方で，中国による同品目の輸出数量制限が少なくとも10年にわたって実施されていることを指摘し，この輸出数量制限は「危機的な不足」の防止又は緩和に向けた「一時的に課する」措置であるとはいえない，という考えを示した。結論として，パネルは，難燃性ボーキサイトに対する輸出数量制限がGATT第11条第2項(a)によって正当化されることを中国は立証していない，と判断した[166-168]。

2）GATT第20条(g)[169]

GATT第20条(g)は，「有限天然資源の保存に関する措置。ただし，この措置が国内の生産又は消費に対する制限と関連して実施される場合に限る。」と定めている。(中国が同号による正当化を主張する)難燃性ボーキサイトに対する輸出数量制限が，同号における「有限天然資源の保存に関する措置」に該当するかどうかを判断する上で鍵を握るのは，同号前段の「関する(relating to)」と後段(但し書)の解釈である[170-171]。

「関する」の解釈については，米国のガソリン基準をめぐる紛争案件における上級委員会報告書が，有限天然資源の保存に「関する」措置とは，有限天然資源の保存を「主要な目的(primarily aimed at)」とするものである，という考え方を示した。また，米国のエビ・エビ製品の輸入禁止をめぐる紛争案件における上級委員会報告書は，この解釈を踏襲した上で，目的(有限天然資源の保存)と手段(措置)との間には「密接かつ真正な関係(close and genuine relationship)」がなければならない，とした[172-178]。

但し書の解釈については，米国のガソリン基準をめぐる紛争案件における上級委員会報告書が，「但し書は制限の実施に際して公平性を要請するものである(The clause is a requirement of even-handedness in the imposition of restrictions)」という考え方を示した[179-182]。

これらの先例を踏まえつつ，パネルは以下の判断を示した。

まず，パネルは，天然資源の保存という目的の達成のためには輸出規制よりも採掘規制の方がふさわしい手段であると考えられることや，中国における難燃性ボーキサイトの採掘量が増加していることを指摘した。その上で，輸出規制という手段と資源の保存という目的の間に「明確な関係(clear link)」を見出すことができないと述べ，難燃性ボーキサイトに対する輸出数量制限が有限天然資源の保存に「関する」措置であることを中国は立証していない，と判断した[183-185]。

次にパネルは，但し書の解釈について，輸出規制が国内の生産又は消費に対する制限と同時に実施されなければならないことだけでなく，輸出規制の目的が国内の生産又は消費に対する制限の有効性を確保することになければならないことを要請するものである，という考え方を示した。また，国内の生産又は消費に対する制限は，単に存在するだけでなく，実際に実施されていなければならない，とした[186-187]。

その上でパネルは，難燃性ボーキサイトに対する生産制限が同品目の国内消費を抑制する形で実施されていることを中国は立証しておらず，単に国内における生産制限が存在することだけでは，輸出規制との「公平性」が保たれていることにはならない，と指摘した。そして，輸出規制が国内の生産又は消費に対する制限と関連して実施されていることを中国は立証しておらず，同国の措置が海外の消費者と国内の消費者に「公平な負担(even-handed burden)」を課すものであることも立証していない，という見解を示した[188-190]。

以上を踏まえ，パネルは，難燃性ボーキサイトに対する輸出数量制限がGATT第20条(g)によって正当化されることを中国は立証していない，と判断した[191-194]。

3）GATT第20条(b)

GATT第20条(b)は，「人，動物又は植物の生命又は健康の保護のために必

要な措置」と定めている[195]。

　中国は，コークス及びシリコンカーバイドに対する輸出数量制限はこの規定により正当化されると主張し，その根拠を次のように説明した。

　まず，中国は，コークス及びシリコンカーバイド等は「EPR産品(energy-intensive, highly polluting, resource-based products)」である，と述べた。その上で，これらの産品に対する輸出規制は，その生産量を減少させ，汚染物質の排出を削減するものであることから，国民の健康保護を目的とする包括的な環境関連の枠組の一環であり，GATT第20条(b)により許容される，と主張した[196-198]。

　パネルは，この主張を踏まえ，中国の上記措置が真に「人，動物又は植物の生命又は健康の保護のために必要」であるといえるかどうかを見極めるために，次の2点を検討した。第一は，中国の措置が「人，動物又は植物の生命又は健康の保護」を目的としているかどうか，また，当該措置がこの目的を達成するために「必要」なものといえるかどうかである。第二は，より貿易制限的でなく，かつ，目的の達成に資する代替措置が存在するかどうかである[199-203]。

　第一の点について，パネルは，中国が環境及び健康の保護に関連する措置についての大量の証拠を提出したことを認めた。他方でパネルは，「EPR産品」に対する輸出規制が環境及び健康の保護を目的とする包括的な枠組の一部であることや，輸出規制がこれらの目的の達成に貢献していることを中国は立証していない，と判断した[204-206]。

　第二の点については，申立国が，①環境技術への投資，②リサイクルの促進，③環境基準の強化，④リサイクル施設への投資，⑤スクラップ資材需要の刺激，⑥生産制限の導入又は生産時の汚染防止，の6種類の代替措置を提起した。これに対し中国は，上記①〜⑥の措置は既に導入済であるが，これらを補完するものとして輸出規制が必要である，と主張した[207-209]。

　パネルは中国の主張について，GATT第20条(b)が許容する範囲を相当に拡張するものであるとして，これを否定する見解を示した。そして，代替措置によって中国が必要とする環境保護水準を達成できないことを中国が立証する場合にのみ，中国の輸出規制はGATT第20条(b)によって正当化されうるが，中国はこの立証を果たしていない，とした[210-211]。

　以上を踏まえ，パネルは，コークス及びシリコンカーバイドに対する輸出

数量制限がGATT第20条(b)によって正当化されることを中国は立証していない，と判断した[212-213]。

以上に述べたように，パネルは，問題とされる輸出数量制限はGATT第11条第1項に違反しており，これがGATT第11条第2項(a)，GATT第20条(b)又は(g)によって正当化されることを中国は立証していない，と判断した[214]。

なお，申立国は，中国による輸出数量制限はGATT第11条第1項に違反するだけでなく，加盟議定書第1条第2項，作業部会報告書パラグラフ162及び165に違反すると主張していた。この点についてパネルは，既に上記の判断を示した以上，さらなる検討は本件の解決にとって不要であるとして，これを行わなかった[215-216]。

4.2.5　上級委員会報告書

中国は，パネル報告書の内容を不満として，上級委員会への上訴を行った。上述の輸出税及び輸出数量制限に関するパネルの判断については，中国は以下の3点に誤りがあると主張した。

（1）加盟議定書第11条第3項について，GATT第20条の援用可能性を否定したこと
（2）GATT第11条第2項(a)について，難燃性ボーキサイトに対する輸出数量制限が「危機的な不足」に対して「一時的に課する」ものであることを中国は立証していない，と判断したこと
（3）GATT第20条(g)の但し書について，①問題とされる措置が国内の生産又は消費に対する制限と同時に実施されなければならないことだけでなく，②当該措置の目的が国内の生産又は消費に対する制限の有効性を確保することになければならないことを要請するものである，という解釈を示したこと[217-218]

これらの3点に関する上級委員会の判断は次のとおりである。まず，上記(1)及び(2)について，上級委員会はパネルの判断を支持した[219-220]。

他方で，上記(3)については，GATT第20条(g)の但し書の文言から上記①の解釈を導くことはできるが，上記②の解釈を導くことはできず，この点に

おいてパネルの解釈は誤っている，とした。そして，貿易関連措置が有限天然資源の保存に資する形で，国内の生産又は消費に対する制限と共に実施される場合には，GATT第20条(g)は当該措置を許容する，という解釈を示した[221-222]。

しかし，上級委員会は，GATT第20条(g)の但し書に関するパネルの解釈を覆したものの，パネル報告書の結論についてはこれを支持した。すなわち，上級委員会は，問題とされる輸出税及び輸出数量制限をGATT第11条第2項(a)，GATT第20条(b)又は(g)によって正当化することはできない，という判断を示した[223]。

上級委員会報告書はパネル報告書と共にDSBに提出され，2012年2月にDSBによって採択された。DSBは，中国に対し，本件においてWTO協定違反にあたると認定された措置（輸出税及び輸出数量制限等）をWTO協定に調和させることを求める勧告を行った。同年3月に中国は，この勧告を妥当な期間内に実施する意思を表明した[224-226]。

2013年1月に中国は，ボーキサイト，コークス，蛍石，マグネシウム，マンガン，金属シリコンに対する輸出税を撤廃し，亜鉛については，加盟議定書で定められている範囲内の輸出税率に変更した。また，ボーキサイト，コークス，蛍石，シリコンカーバイド，亜鉛に対する輸出数量制限を撤廃した[227-228]。これらの品目に対する輸出税及び輸出数量制限は，本件においてWTO協定違反にあたると認定された措置である。中国は，本件の結論及びDSBによる勧告を踏まえ，これらの品目に対する輸出税及び輸出数量制限の撤廃を実施したものと考えられる。

5．中国レアアース等輸出規制事件

5.1　概要と主な争点

中国は，中国原材料輸出規制事件において問題とされた9種類の原材料以外にも，数多くの資源品目を輸出規制の対象としている。

2012年3月には，日本，米国，欧州が，中国によるレアアース，タングステン，モリブデン及びその加工品・半加工品を対象とする輸出規制はWTO協定に違反すると主張し，WTO協定に基づく協議要請を行った[229-231]。

申立国（日本，米国，欧州）が問題とした中国による輸出規制は，輸出税，

輸出数量制限及びその運用(輸出数量枠の申請・配分手続等)である。申立国は，上記品目を対象とする輸出税は加盟議定書第11条第3項に違反し，輸出数量制限はGATT第11条第1項，加盟議定書第1条第2項，作業部会報告書のパラグラフ162及び165に違反する，と主張している[232-234]。

これに対し，中国は，上記品目に対する輸出規制は資源及び環境の保護を目的とするものであり，WTO協定上正当な措置である旨を主張している[235-240]。

本件は協議によって解決に至らなかったことから，2012年6月に日本，米国，欧州がパネル設置を要請し，同年7月にパネルが設置された[241]。なお，本件は，日本が中国に対していわゆる「WTO提訴」を行った初めての紛争案件である[242]。

5.2　中国によるレアアース輸出規制とWTO協定との関係

本件は，中国原材料輸出規制事件との類似性が非常に高い。本件の審理においては，中国原材料輸出規制事件におけるパネル及び上級委員会の判断が，重要な先例としての役割を果たすことになると考えられる(2012年末時点において，本件に関するパネル報告書は発表されていない)[243]。

ここでは，中国原材料輸出規制事件におけるパネル及び上級委員会の報告書の内容を踏まえ，中国によるレアアースに対する輸出税及び輸出数量制限とWTO協定との関係について検討を行う。

第一に，レアアースに対する輸出税の賦課について述べる。

中国は，加盟議定書第11条第3項において，同議定書の附属書6に記載されている場合を除き，全ての物品に対する輸出税を撤廃することを約束している。そして，レアアース及びその加工品・半加工品は附属書6に記載されていない[244]。中国原材料輸出規制事件においては，附属書6に記載されていない品目に対する輸出税の賦課は加盟議定書第11条第3項違反にあたり，GATT第20条の援用によりこれを正当化することはできない，という判断が示された[245-246]。

この判断が本件においても踏襲されれば，レアアースに対する輸出税の賦課はWTO協定違反にあたる，という判断が示される可能性は高いと考えられる。

第二に，レアアースに対する輸出数量制限について述べる。

中国はその目的を，資源及び環境の保護のため，と説明している[247-250]。この説明は，GATT第20条(b)及び(g)による正当化を念頭に置いたものであると考えられる[251]。

中国原材料輸出規制事件においては，輸出数量制限がGATT第20条(b)によって正当化されるかどうかに関し，主に次の２点の検討が行われた。一つは，問題とされた措置が「人，動物又は植物の生命又は健康の保護」を目的としており，その達成のために必要な措置であるといえるかどうかである。もう一つは，当該措置以外に，より貿易制限的でなく，かつ，上記の目的の達成に資する代替措置が存在するかどうかである[252-254]。

また，輸出数量制限がGATT第20条(g)によって正当化されるかどうかに関しては，主に次の２点の検討が行われた。一つは，問題とされた措置が有限天然資源の保存に「関する」措置であるといえるかどうかである。もう一つは，同号但し書が満たされているかどうかである。後者については，特に，輸出に対する制限と国内の生産又は消費に対する制限の間に「公平性」が確保されているかどうかが検討の要点となった[255-258]。

検討の対象となったこれらの事項のうち，レアアースに対する輸出数量制限がWTO協定違反にあたるかどうかを判断する上で鍵を握るのは，「公平性」の確保に関する点であると考えられる。

中国政府は，レアアースの生産数量枠を設定し，国内関係者に対してその遵守を促すための取組を実施している。この点の評価次第では，輸出に対する制限と国内の生産又は消費に対する制限の間に「公平性」が確保されており，GATT第20条(g)の要件は満たされている，という判断が示される可能性もあると考えられる。

ただし，仮にそのような判断が示されたとしても，そのことのみによってレアアースに対する輸出数量制限の正当化が認められるわけではない。これが認められるためには，中国はさらにGATT第20条柱書の要件（恣意的ではなく，差別的ではなく，偽装された貿易制限ではないこと）が満たされることも立証しなければならない[259-261]。

5.3　勧告の履行に関する問題

次に，仮に本件において申立国が勝訴した場合に，そのことが中国によるレアアース等に対する輸出規制の実施にいかなる影響を及ぼすのかという

点について考えてみたい。申立国が勝訴するとは，すなわち中国によるレアアース等に対する輸出規制（輸出税及び輸出数量制限等）がWTO協定違反にあたる，という判断が示されることである。

この点について結論を先に述べれば，仮に上記の判断が示されたとしても，必ずしもそのことによってWTO協定違反にあたると認定された措置の撤廃が保証されるわけではない。このように考えられる理由を以下に述べる。

本件において，中国によるレアアース等に対する輸出規制がWTO協定違反にあたると認定され，DSBがその是正を勧告する場合に，中国がとりうる行動は次の3つである。第一は，WTO協定違反にあたると認定された措置を撤廃することである。第二は，勧告に従わず，是正措置を行わないことである。第三は，是正措置は行うものの，輸出規制を撤廃するのではなく，その他の手段を通じてWTO協定に違反する状態を解消することである。

これらのうち問題となるのは，上記第二及び第三の場合である。上記第二の場合には，申立国と中国は代償に関する交渉を行う。そしてこの交渉が合意に至らなければ，申立国は被った無効化・侵害の程度と同等の対抗措置を実施することができる[262-264]。しかし，対抗措置を実施したとしても，中国が輸出規制の実施を継続する可能性は残る[265-266]。

上記第三の場合については若干の補足説明を要する。DSBによる勧告は，通例では「WTO協定違反にあたると認定された措置を是正し，WTO協定に調和させるよう」指示するのみであり，具体的な履行方法を特定するものではない[267-269]。したがって，何らかの手段によってWTO協定に調和させることができれば，当該措置自体を撤廃する必要は生じない。例えば，輸出数量制限については，中国が国内法令の改正や運用の変更を行うことによって，「国内の生産又は消費に対する制限」を強化し，GATT第20条(g)の要件を満たす可能性が残されている[270]。その場合，輸出数量制限は引き続き実施されることになる。

以上のように，本件において仮に中国によるレアアース等に対する輸出規制がWTO協定違反にあたると認定されたとしても，必ずしもそのことによって当該輸出規制の撤廃が保証されるわけではない。

この点を踏まえれば，日本はWTOの紛争解決手続の利用以外にも，様々な手段を通じてレアアースの安定的な確保を追求する必要がある。日本のレアアース政策については次章に述べる。

6．紛争解決手続を利用する意義

　最後に，輸出規制の問題に関してWTOの紛争解決手続を利用する意義について述べる。上述のように，WTOの紛争解決手続において特定の措置がWTO協定違反にあたると認定されたとしても，必ずしも当該規制は撤廃されない可能性がある。

　しかし，この点を考慮に入れたとしても，日本のように一次産品を輸入に頼ることの多い国にとっては，輸出規制の問題に関してWTOの紛争解決手続を利用する意義は大きい。以下に，主な意義として4点を挙げる。

　第一の意義は，中国による輸出規制の強化に歯止めをかけることである。

　中国はレアアースのみならず，様々な鉱物資源について世界最大の生産国である[271-272]。中国による輸出規制の強化は，輸出規制の対象となる各種の鉱物資源の供給・価格動向や消費国の経済活動に大きな影響を及ぼす。

　日本，米国，欧州等は，従来から中国に対し，二国間及び多国間の協議を通じて輸出規制の改善を求めてきたが[273]，中国による輸出規制はむしろ強化される傾向にあった。しかし，中国原材料輸出規制事件においては，米国，欧州，メキシコがWTOの紛争解決手続を利用した結果，中国による9種類の原材料に対する輸出税及び輸出数量制限がWTO協定違反にあたることが明確に示された。

　この判断が示されたことにより，少なくとも，中国が9種類の原材料に対する輸出規制をさらに強化することは困難になったと考えられる。既に述べたように，2013年1月に中国は，ボーキサイト，コークス，蛍石，マグネシウム，マンガン，金属シリコンに対する輸出税を撤廃し，亜鉛については，加盟議定書で定められている範囲内の輸出税率に変更した。また，ボーキサイト，コークス，蛍石，シリコンカーバイド，亜鉛に対する輸出数量制限を撤廃した[274-275]。これらの品目に対する輸出税及び輸出数量制限は，中国原材料輸出規制事件においてWTO協定違反にあたると認定された措置である。

　中国レアアース等輸出規制事件においても，仮に中国によるレアアース等に対する輸出規制がWTO協定違反にあたると認定されれば，中国が当該輸出規制をさらに強化することは困難になると考えられる。

　第二の意義は，中国以外の国による輸出規制の強化に歯止めをかけることである。

最近では，中国以外の国が，一次産品を対象とする輸出規制を実施する事例が増加している。例えば，インドネシアは鉱業法を改正し（2008年12月に同国国会で可決，2009年1月に公布・施行），銅やニッケル等の鉱物について同国内における精錬等を義務付けた。この法律に基づき，同国で採掘された精錬前の鉱物を輸出することができなくなれば，鉱石に対する事実上の輸出規制が実施されることになる[276]。また，ロシア及びインドは，一部の鉱物資源（銅，ニッケル，鉄鉱石等）を対象とする輸出税の導入及び税率の引き上げを実施した[277]。このほか，新興国を中心とした穀物需要の増加や食料価格の高騰等を背景として，多数の国が食料の輸出規制を実施している[278]。

　これらの輸出規制についても，WTOの紛争解決手続を利用することにより，WTO協定違反にあたる措置については改善を促すことができる。また，仮に輸出規制の撤廃を実現することができないとしても，少なくともそのさらなる強化に歯止めをかける効果や，他国による同様の措置の実施を未然に防ぐ効果を期待することができる。

　第三の意義は，輸出規制をめぐる紛争の「非政治化」を実現することである[279]。

　一次産品を対象とする輸出規制の問題は，経済安全保障に直結する重要な問題である。それだけに，この問題は他の政治・外交上の問題と関連づけられ，当事国間の摩擦を無用に高める結果を招きかねない。

　しかし，WTOの紛争解決手続を利用することにより，輸出規制の問題を他の政治・外交上の問題と切り離し，WTO協定に則って司法的に解決することが可能になる[280]。中国によるレアアース等に対する輸出規制の問題についても，その司法的な解決を目指すことは，経済的に深く依存しあう日中両国の関係の安定性を高める上で有益である。

　第四の意義は，輸出規制に関するルールの明確化を図ることである。

　WTO協定には，GATT第11条第2項，GATT第20条，GATT第21条等，様々な例外規定が存在する。GATT第21条は，安全保障上の理由に基づく例外に関する規定である[281-282]。

　他方で，現状においては，これらの例外規定がいかなる場合に輸出規制の実施を正当化し，あるいは正当化しないのかが，必ずしも明確にされていない。

　例えば，中国原材料輸出規制事件においては，GATT第20条(g)の要件が満

たされているかどうかを判断する際に、輸出に対する制限と国内の生産又は消費に対する制限の間に「公平性」が確保されているかどうかが問題とされた。しかし、「公平性」の有無を判断する具体的な基準、すなわち上記の2つの制限がどの程度のバランスで実施されていれば「公平」とみなされるのかという点に関する基準は、これまでのところ必ずしも明確に定まっていない。

この点が明確にされていない原因の一つは、WTOの紛争解決手続がこれまでに取り扱った輸出規制に関する紛争案件の数があまりにも少ないことに求められる[283]。そこで、今後は、輸出規制の問題に関して積極的にWTOの紛争解決手続を利用し、判例を積み上げることにより、輸出規制に関するルールの明確化を図る必要がある。

ルールが明確になり、いかなる場合に輸出規制の実施が正当化され、あるいはWTO協定違反にあたると認定されるのかを予測することが容易になれば、WTO加盟国は少なくとも後者に該当する可能性の高い輸出規制の実施を控えるようになるはずである。このように、判例の集積を通じて輸出規制に関するルールの明確化を図ること自体に、加盟国による輸出規制の実施を防ぐ効果があると考える。

以上が、輸出規制の問題に関してWTOの紛争解決手続を利用することの主な意義である。中国レアアース等輸出規制事件において、今後いかなる判断が示され、その判断が中国及びその他の国による輸出規制の実施にいかなる影響を及ぼすことになるのかが注目される。

(1) WTO協定の日本語訳は、次の文献に拠る。外務省経済局監修. 世界貿易機関(WTO)を設立するマラケシュ協定. 日本国際問題研究所, 1995, 1035P.
(2) WTO. "China – Measures Related to the Exportation of Rare Earths, Tungsten and Molybdenum." 2012-10-12. http://www.wto.org/english/tratop_e/dispu_e/cases_e/ds431_e.htm, (accessed 2013-01-08).
(3) 阿部克則. 中国レアアース輸出規制事件. 書斎の窓. 2012, no. 616, pp. 12-16.
(4) 山川一基, 吉岡桂子. "レアアース争奪火ぶた：日米欧, 中国をWTOに提訴へ". 朝日新聞. 2012-03-14.
(5) "WTOに協議要請：日・米・EU：中国の輸出規制で". 日刊産業新聞. 2012-03-15.
(6) "「レアアース輸出管理政策は正当」中国商務省が強調". 日刊産業新聞. 2012-03-19.

（7） WTO. "China – Measures Related to the Exportation of Rare Earths, Tungsten and Molybdenum."
（8） WTO. "China – Measures Related to the Exportation of Various Raw Materials." 2012-06-06. http://www.wto.org/english/tratop_e/dispu_e/cases_e/ds394_e.htm,（accessed 2013-01-08）.
（9） 松下満雄．中国鉱物資源輸出制限に関するWTOパネル報告書〜天然資源の輸出制限とWTO／ガット体制〜．国際商事法務．2011, vol. 39, no. 9, pp. 1231-1239.
（10） 阿部．中国レアアース輸出規制事件．pp. 12-16.
（11） 外務省．"WTOとは"．http://www.mofa.go.jp/mofaj/gaiko/wto/gaiyo.html,（参照 2013-04-09）.
（12） WTO成立に至る経緯を簡単に説明する。第二次世界大戦後の国際貿易体制については，当初は国際連合の下に国際貿易機関（International Trade Organization：ITO）を設立することが計画されていた。1948年には，国際連合貿易雇用会議においてITO憲章が採択され，53カ国がこれに調印した。しかし，ITO憲章は貿易，雇用，経済開発等の幅広い項目を含み，その内容は戦後の経済復興という課題を抱えた各国にとって過度に意欲的なものであった。アメリカやイギリスが国内事情から批准を拒否する等，同憲章への批准国はわずか2カ国にとどまり，ITOは成立しなかった。結果的にITOに代わる役割を果たすことになったのがGATTである。そもそもGATTは，ITO設立に向けた環境整備を目的として1947年にジュネーブで実施された関税引き下げ交渉の成果と，それを実施するために必要な諸規定をまとめた協定である。GATTはITO成立までの暫定的な取極として位置付けられていたが，ITOが成立しなかったために，これが1995年のWTO成立に至るまで適用され続けることになった。GATTは，事実上の国際組織としての役割を果たしてきた。GATT時代には，加盟国による関税の引き下げ交渉を中心とする多角的交渉（ラウンド）が8度にわたり行われた。1986年から1994年にかけて行われたウルグアイラウンドの結果，1995年1月1日にGATTの諸協定がWTOの諸協定に置き換わり，WTOが成立した。下記注(13)，(14)，(15)，(16)参照。
（13） 経済産業省通商政策局編．不公正貿易報告書：WTO協定及び経済連携協定・投資協定から見た主要国の貿易政策．2012年版，p. 220.
（14） 小寺彰．WTO体制の法構造．東京大学出版会，2000, pp. ⅰ, 12-15.
（15） 小室程夫．国際経済法．新版，東信堂，2007, pp. 25-28.
（16） 田村次朗．WTOガイドブック．弘文堂，2001, pp. 2-11.
（17） 経済産業省通商政策局編．不公正貿易報告書：WTO協定及び経済連携協定・投資協定から見た主要国の貿易政策．2012年版，pp. 213-218.
（18） WTO協定設立協定の前文は，本文に示した目的のほかに，次の2つの目的を定めている。一つは環境への配慮であり，もう一つは開発途上国への配慮で

ある。具体的には，以下の文言が前文に盛り込まれている。上記注(17)，下記 (19)参照。

- 経済開発の水準が異なるそれぞれの締約国のニーズ及び関心に沿って環境を保護し及び保全し並びにそのための手段を拡充することに努めつつ，持続可能な開発の目的に従って世界の資源を最も適当な形で利用する
- 成長する国際貿易において開発途上国特に後発開発途上国がその経済開発のニーズに応じた貿易量を確保することを保証するため，積極的に努力する

(19) 外務省経済局監修．世界貿易機関(WTO)を設立するマラケシュ協定．pp. 4-5．
(20) Ibid．
(21) 経済産業省通商政策局編．不公正貿易報告書：WTO協定及び経済連携協定・投資協定から見た主要国の貿易政策．2012年版，pp. 213-218．
(22) 松下満雄．"序：WTOの紛争解決手続"．ケースブックWTO法．松下満雄，清水章雄，中川淳司編．有斐閣，2009, pp. 1-7．
(23) 経済産業省通商政策局編．不公正貿易報告書：WTO協定及び経済連携協定・投資協定から見た主要国の貿易政策．2012年版，pp. 213-218．
(24) 松下．"序：WTOの紛争解決手続"．pp. 1-7．
(25) 紛争案件の件数(434件)は，協議要請が行われた件数。下記注(26)参照。
(26) 経済産業省通商政策局編．不公正貿易報告書：WTO協定及び経済連携協定・投資協定から見た主要国の貿易政策．2012年版，p. 476．
(27) 経済産業省通商政策局編．不公正貿易報告書：WTO協定及び経済連携協定・投資協定から見た主要国の貿易政策．2012年版，pp. 469-475, 479．
(28) このほか，WTOの紛争解決手続の根拠規定として，GATS第22条，第23条，TRIPS第64条がある。下記注(29)参照。
(29) 小寺．WTO体制の法構造．pp. 29-35．
(30) 「締約国」は，英語原文では"contracting party"であり，加盟国と同義。
(31) 外務省経済局監修．世界貿易機関(WTO)を設立するマラケシュ協定．pp. 968-971．
(32) 経済産業省通商政策局編．不公正貿易報告書：WTO協定及び経済連携協定・投資協定から見た主要国の貿易政策．2012年版，pp. 469-475, 479．
(33) 小寺．WTO体制の法構造．pp. 29-35．
(34) 阿部．中国レアアース輸出規制事件．pp. 12-16．
(35) 外務省経済局監修．世界貿易機関(WTO)を設立するマラケシュ協定．pp. 772-803．
(36) 経済産業省通商政策局編．不公正貿易報告書：WTO協定及び経済連携協定・投資協定から見た主要国の貿易政策．2012年版，pp. 469-475, 479．
(37) 松下．"序：WTOの紛争解決手続"．pp. 1-7．

(38) 外務省経済局監修. 世界貿易機関(WTO)を設立するマラケシュ協定. pp. 772-803.
(39) 経済産業省通商政策局編. 不公正貿易報告書：WTO協定及び経済連携協定・投資協定から見た主要国の貿易政策. 2012年版, pp. 469-475, 479.
(40) 松下. "序：WTOの紛争解決手続". pp. 1-7.
(41) 外務省経済局監修. 世界貿易機関(WTO)を設立するマラケシュ協定. pp. 772-803.
(42) 経済産業省通商政策局編. 不公正貿易報告書：WTO協定及び経済連携協定・投資協定から見た主要国の貿易政策. 2012年版, pp. 469-475, 479.
(43) 松下. "序：WTOの紛争解決手続". pp. 1-7.
(44) ただし、実際には、パネル設置から上級委員会の報告書の採択までに12カ月以上の期間を要することは珍しくない。中国原材料輸出規制事件においては約26カ月を要した。上記注(8)参照。
(45) 外務省経済局監修. 世界貿易機関(WTO)を設立するマラケシュ協定. pp. 772-803.
(46) 経済産業省通商政策局編. 不公正貿易報告書：WTO協定及び経済連携協定・投資協定から見た主要国の貿易政策. 2012年版, pp. 469-475, 479.
(47) 松下. "序：WTOの紛争解決手続". pp. 1-7.
(48) 外務省経済局監修. 世界貿易機関(WTO)を設立するマラケシュ協定. pp. 772-803.
(49) 経済産業省通商政策局編. 不公正貿易報告書：WTO協定及び経済連携協定・投資協定から見た主要国の貿易政策. 2012年版, pp. 469-475, 479.
(50) 松下. "序：WTOの紛争解決手続". pp. 1-7.
(51) 経済産業省通商政策局編. 不公正貿易報告書：WTO協定及び経済連携協定・投資協定から見た主要国の貿易政策. 2012年版, p. 476.
(52) 経済産業省通商政策局編. 不公正貿易報告書：WTO協定及び経済連携協定・投資協定から見た主要国の貿易政策. 2011年版, pp. 256-257.
(53) 松下満雄. 天然資源・食料輸出制限とWTO／GATT体制. 貿易と関税. 2008, vol. 56, no. 11, pp. 17-27.
(54) Ibid.
(55) 間宮勇. "日本の半導体に対する第三国モニタリング措置". ケースブックガット・WTO法. 松下満雄, 清水章雄, 中川淳司編. 有斐閣, 2000, pp. 193-196.
(56) 松下. 天然資源・食料輸出制限とWTO／GATT体制. pp. 17-27.
(57) 間宮. "日本の半導体に対する第三国モニタリング措置". pp. 193-196.
(58) "Japan – Trade in Semi-Conductors: Report of the Panel." 1988-05-04, L/6309 - 35S/116, 39P.
(59) 松下. 天然資源・食料輸出制限とWTO／GATT体制. pp. 17-27.

(60) 間宮．"日本の半導体に対する第三国モニタリング措置"．pp. 193-196.
(61) 内記香子．"アルゼンチンの牛皮輸出及び加工済み皮革の輸入に影響を与える措置"．ケースブックWTO法．松下満雄，清水章雄，中川淳司編．有斐閣，2009, pp. 105-106.
(62) 松下．天然資源・食料輸出制限とWTO／GATT体制．pp. 17-27.
(63) 内記．"アルゼンチンの牛皮輸出及び加工済み皮革の輸入に影響を与える措置"．pp. 105-106.
(64) 松下．天然資源・食料輸出制限とWTO／GATT体制．pp. 17-27.
(65) "Argentina – Measures Affecting the Export of Bovine Hides and the Import of Finished Leather: Report of the Panel." 2000-12-19, WT/DS155/R, 176P.
(66) 内記．"アルゼンチンの牛皮輸出及び加工済み皮革の輸入に影響を与える措置"．pp. 105-106.
(67) 松下．天然資源・食料輸出制限とWTO／GATT体制．pp. 17-27.
(68) "China – Measures Related to the Exportation of Various Raw Materials: Reports of the Panel." 2011-07-05, WT/DS394/R, WT/DS395/R, WT/DS398/R, para. 2.1.
(69) 西元宏治．"DS394/395/398: 中国－原材料輸出規制に関する措置（パネル・上級委）"．WTOパネル・上級委員会報告書に関する調査研究報告書．2011年度版，p.1.http://www.meti.go.jp/policy/trade_policy/wto/ds/panel/panelreport.files/11-5.pdf,（参照 2013-01-08）.
(70) 松下．中国鉱物資源輸出制限に関するWTOパネル報告書〜天然資源の輸出制限とWTO／ガット体制〜．pp. 1231-1239.
(71) 経済産業省通商政策局編．不公正貿易報告書：WTO協定及び経済連携協定・投資協定から見た主要国の貿易政策．2012年版，pp. 17-20, 22-24.
(72) 中国のWTO加盟にあたり，「中華人民共和国の加盟に関する議定書」(Protocol of the People's Republic of China)が結ばれ，中国は同議定書に定められた様々な事項を遵守することを約束した．同議定書に定められた事項の1つが，TRMの実施である．TRMは，中国によるWTO協定上の義務の履行状況を審査するメカニズムであり，WTOの一般理事会及び下部機関(各理事会・委員会)において実施されてきた．中国による各種原材料に対する輸出規制に関する問題は，物品理事会及び市場アクセス委員会におけるTRMの中で取り扱われてきた．下記注(73)参照．
(73) 経済産業省監修．全訳中国WTO加盟文書．荒木一郎，西忠雄訳．蒼蒼社，2003, pp. 1, 17-18, 38-39, 64-67.
(74) TRMにおける日本，米国，欧州の指摘のうち，中国による輸出規制に関する指摘の内容については，例えば下記注(75),(76),(77),(78),(79),(80)参照．

(75) "China's Transitional Review Mechanism: Questions and Comments of Japan on the Implementation by China of its Commitments on Market Access: Communication from Japan." 2008-09-23, G/MA/W/93, 2P.
(76) "China's Transitional Review Mechanism: Communication from the United States." 2008-10-01, G/MA/W/94, 2P.
(77) "China's Transitional Review Mechanism: Communication from the European Communities." 2008-10-09, G/MA/W/95, 5P.
(78) "Transitional Review Mechanism Pursuant to Paragraph 18 of the Protocol on the Accession of the People's Republic of China ("China"): Questions from the United States to China." 2008-10-24, G/C/W/603, 2P.
(79) "Transitional Review Mechanism Pursuant to Paragraph 18 of the Protocol on the Accession of the People's Republic of China ("China"): Questions from the European Communities to China." 2008-11-04, G/C/W/605, 2P.
(80) "Transitional Review Mechanism in Connection with Paragraph 18 of the Protocol on the Accession of the People's Republic of China: Questions and Comments from Japan to China." 2008-11-10, G/C/W/606, 2P.
(81) TPRMは，WTO協定の附属書3が定める制度であり，WTO加盟国の貿易政策及び貿易慣行を定期的に審査するものである。TPRMの目的は，加盟国がWTO協定に基づく約束の遵守状況を改善し，貿易政策及び貿易慣行の透明性を確保することにより，多角的貿易体制を円滑に機能させることである。この観点から，全ての加盟国が定期的に審査の対象となる。TPRMの審査会合には加盟国が参加し，審査対象国の貿易政策及び貿易慣行について幅広い議論が行われる。中国を審査対象とする過去の審査会合においては，中国による各種原材料に対する輸出規制に関する問題も取り扱われた。下記注(82)参照。
(82) 外務省経済局監修．世界貿易機関(WTO)を設立するマラケシュ協定．pp. 820-825.
(83) TPRMにおける日本，米国，欧州の指摘のうち，中国の輸出規制に関する指摘の内容については，例えば下記注(84)，(85)参照。
(84) "Trade Policy Review: China: Minutes of Meeting." 2008-07-24, WT/TPR/M/199, 33P.
(85) "Trade Policy Review: China: Minutes of Meeting: Addendum." 2008-08-28, WT/TPR/M/199/Add.1, 351P.
(86) 日本，米国，欧州はTRM及びTPRMにおいて，中国原材料輸出案件の対象となった9種類の原材料の輸出規制に限らず，中国によるその他の原料段階の品目(レアアースを含む)に対する輸出規制についても，懸念の表明や改善の要請を行った。
(87) 経済産業省通商政策局編．不公正貿易報告書：WTO協定及び経済連携協

定・投資協定から見た主要国の貿易政策．2012年版，pp. 17-20, 22-24.
(88) Ibid.
(89) Ibid.
(90) 西元．"DS394/395/398: 中国－原材料輸出規制に関する措置(パネル・上級委)"．pp. 2, 31.
(91) WTO. "China – Measures Related to the Exportation of Various Raw Materials."
(92) 外務省経済局監修．世界貿易機関(WTO)を設立するマラケシュ協定．pp. 772-803.
(93) 経済産業省通商政策局編．不公正貿易報告書：WTO協定及び経済連携協定・投資協定から見た主要国の貿易政策．2012年版，pp. 469-475, 479.
(94) WT/DS394/R, WT/DS395/R, WT/DS398/R, para. 2.1.
(95) 西元．"DS394/395/398: 中国－原材料輸出規制に関する措置(パネル・上級委)"．p. 1.
(96) WTO. "China – Measures Related to the Exportation of Various Raw Materials."
(97) WT/DS394/R, WT/DS395/R, WT/DS398/R, para. 2.1.
(98) 西元．"DS394/395/398: 中国－原材料輸出規制に関する措置(パネル・上級委)"．pp. 2-3.
(99) 申立国は，本文に述べた点以外に，輸出数量枠の申請条件(輸出実績要件及び最低資本要件等)，輸出数量枠の申請に対する審査手続，輸出権の入札制度，輸出許可に付随して課される条件(輸出数量及び価格等)，最低価格要件及びその運用等が，GATT，加盟議定書，作業部会報告書の規定に違反すると主張した．申立国の主張については，下記注(100)，(101)参照．
(100) WT/DS394/R, WT/DS395/R, WT/DS398/R, paras. 3.2-3.4.
(101) 西元．"DS394/395/398: 中国－原材料輸出規制に関する措置(パネル・上級委)"．pp. 2-3.
(102) 作業部会報告書の位置付けについては，下記注(103)，(104)参照．
(103) 経済産業省監修．全訳中国WTO加盟文書．pp. 18-20.
(104) 経済産業省通商政策局編．不公正貿易報告書：WTO協定及び経済連携協定・投資協定から見た主要国の貿易政策．2012年版，pp. 73-75.
(105) WT/DS394/R, WT/DS395/R, WT/DS398/R, para. 3.5.
(106) 川島富士雄．特集，経済のグローバル化と国際経済法の諸課題：中国による鉱物資源の輸出制限と日本の対応．ジュリスト．2011, no. 1418, pp. 37-43.
(107) 西元．"DS394/395/398: 中国－原材料輸出規制に関する措置(パネル・上級委)"．p. 4.
(108) 松下．中国鉱物資源輸出制限に関するWTOパネル報告書～天然資源の輸出制限とWTO／ガット体制～．pp. 1231-1239.

(109) 加盟議定書及び作業部会報告書の条文の日本語訳は，次の文献に拠る。ただし，固有名詞の表記を本文中の他の箇所と統一するために，著者が日本語訳に若干の修正を加えた。経済産業省監修．全訳中国WTO加盟文書．1077P.

(110) Ibid., pp. 17-20, 40-41.

(111) 経済産業省通商政策局編．不公正貿易報告書：WTO協定及び経済連携協定・投資協定から見た主要国の貿易政策．2012年版，pp. 73-75.

(112) Ibid., pp. 256-267.

(113) 経済産業省監修．全訳中国WTO加盟文書．pp. 54-55.

(114) Ibid., pp. 220-225.

(115) 外務省経済局監修．世界貿易機関(WTO)を設立するマラケシュ協定．pp. 932-933.

(116) 経済産業省監修．全訳中国WTO加盟文書．pp. 40-41, 1072-1073.

(117) Ibid., pp. 972-973.

(118) Ibid., pp. 974-975.

(119) 外務省経済局監修．世界貿易機関(WTO)を設立するマラケシュ協定．pp. 932-933.

(120) 松下満雄．"解説：一般的例外"．ケースブックWTO法．松下満雄，清水章雄，中川淳司編．有斐閣，2009, pp. 130-131.

(121) 外務省経済局監修．世界貿易機関(WTO)を設立するマラケシュ協定．pp. 966-969.

(122) Ibid.

(123) 松下．"解説：一般的例外"．pp. 130-131.

(124) Ibid.

(125) WT/DS394/R, WT/DS395/R, WT/DS398/R, paras. 7.213, 7.410.

(126) Ibid., para. 7.59.

(127) 西元．"DS394/395/398: 中国－原材料輸出規制に関する措置(パネル・上級委)"．p. 6.

(128) WT/DS394/R, WT/DS395/R, WT/DS398/R, paras. 7.64-7.106.

(129) 川島．特集，経済のグローバル化と国際経済法の諸課題：中国による鉱物資源の輸出制限と日本の対応．pp. 37-43.

(130) 西元．"DS394/395/398: 中国－原材料輸出規制に関する措置(パネル・上級委)"．pp. 4, 6-7.

(131) WT/DS394/R, WT/DS395/R, WT/DS398/R, paras. 7.64-7.106.

(132) 西元．"DS394/395/398: 中国－原材料輸出規制に関する措置(パネル・上級委)"．pp. 4, 6-7.

(133) WT/DS394/R, WT/DS395/R, WT/DS398/R, paras. 7.107-7.160.

(134) 西元．"DS394/395/398: 中国－原材料輸出規制に関する措置(パネル・上級委)"．pp. 7-11.

第 3 章　輸出規制と WTO 協定　113

（135）　WT/DS394/R, WT/DS395/R, WT/DS398/R, paras. 7.117-7.119.
（136）　経済産業省監修．全訳中国WTO加盟文書．pp. 46-49.
（137）　西元．"DS394/395/398: 中国－原材料輸出規制に関する措置(パネル・上級委)"．p. 8.
（138）　松下．中国鉱物資源輸出制限に関するWTOパネル報告書〜天然資源の輸出制限とWTO／ガット体制〜．pp. 1231-1239.
（139）　WT/DS394/R, WT/DS395/R, WT/DS398/R, paras. 7.121-7.129.
（140）　経済産業省監修．全訳中国WTO加盟文書．pp. 54-55.
（141）　西元．"DS394/395/398: 中国－原材料輸出規制に関する措置(パネル・上級委)"．pp. 8-10.
（142）　松下．中国鉱物資源輸出制限に関するWTOパネル報告書〜天然資源の輸出制限とWTO／ガット体制〜．pp. 1231-1239.
（143）　WT/DS394/R, WT/DS395/R, WT/DS398/R, paras. 7.149-7.157.
（144）　外務省経済局監修．世界貿易機関(WTO)を設立するマラケシュ協定．pp. 966-969.
（145）　西元．"DS394/395/398: 中国－原材料輸出規制に関する措置(パネル・上級委)"．pp. 10-11.
（146）　WT/DS394/R, WT/DS395/R, WT/DS398/R, paras. 7.158-7.160, 8.2, 8.9, 8.16.
（147）　パネルは，仮に加盟議定書第11条第3項違反についてGATT第20条の援用が可能であるとしても，中国はGATT第20条(b)及び(g)の要件が満たされることを立証していないため，いずれにしてもボーキサイト，コークス，蛍石，マグネシウム，マンガン，金属シリコン，亜鉛に対する輸出税の賦課は正当化されない，という判断を示した．下記(148), (149), (150)参照．
（148）　WTO. "China – Measures Related to the Exportation of Various Raw Materials."
（149）　WT/DS394/R, WT/DS395/R, WT/DS398/R, paras. 7.468, 7.612, 7.614, 7.616.
（150）　西元．"DS394/395/398: 中国－原材料輸出規制に関する措置(パネル・上級委)"．pp. 16-18.
（151）　WT/DS394/R, WT/DS395/R, WT/DS398/R, paras. 7.213-7.223, 7.226.
（152）　Ibid., paras. 3.2-3.5.
（153）　Ibid., para. 7.224.
（154）　西元．"DS394/395/398: 中国－原材料輸出規制に関する措置(パネル・上級委)"．p. 12.
（155）　WT/DS394/R, WT/DS395/R, WT/DS398/R, para. 7.213, 7.225, 7.410.
（156）　WT/DS394/R, WT/DS395/R, WT/DS398/R, para. 7.250.
（157）　外務省経済局監修．世界貿易機関(WTO)を設立するマラケシュ協定．pp.

932-933.
(158) 西元. "DS394/395/398: 中国－原材料輸出規制に関する措置（パネル・上級委）". p. 12.
(159) WT/DS394/R, WT/DS395/R, WT/DS398/R, paras. 7.273-7.282, 7.306.
(160) 西元. "DS394/395/398: 中国－原材料輸出規制に関する措置（パネル・上級委）". pp. 12-13.
(161) 松下. 中国鉱物資源輸出制限に関するWTOパネル報告書～天然資源の輸出制限とWTO／ガット体制～. pp. 1231-1239.
(162) WT/DS394/R, WT/DS395/R, WT/DS398/R, paras. 7.255-7.260, 7.294-7.306.
(163) 西元. "DS394/395/398: 中国－原材料輸出規制に関する措置（パネル・上級委）". pp. 12-13.
(164) WT/DS394/R, WT/DS395/R, WT/DS398/R, paras. 7.255-7.260, 7.294-7.306.
(165) 松下. 中国鉱物資源輸出制限に関するWTOパネル報告書～天然資源の輸出制限とWTO／ガット体制～. pp. 1231-1239.
(166) WT/DS394/R, WT/DS395/R, WT/DS398/R, paras. 7.338-7.355.
(167) 西元. "DS394/395/398: 中国－原材料輸出規制に関する措置（パネル・上級委）". p. 13.
(168) 松下. 中国鉱物資源輸出制限に関するWTOパネル報告書～天然資源の輸出制限とWTO／ガット体制～. pp. 1231-1239.
(169) 本書における記述の順序は，本件パネル報告書の記述の順序（GATT第20条(g)に関する記述が先で，GATT第20条(b)に関する記述が後）に従う。
(170) WT/DS394/R, WT/DS395/R, WT/DS398/R, paras. 7.360-7.361.
(171) 外務省経済局監修. 世界貿易機関（WTO）を設立するマラケシュ協定. pp. 966-969.
(172) WT/DS394/R, WT/DS395/R, WT/DS398/R, para. 7.370.
(173) "United States – Standards for Reformulated and Conventional Gasoline: Report of the Appellate Body." 1996-04-29. WT/DS2/AB/R, 30P.
(174) "United States – Import Prohibition of Certain Shrimp and Shrimp Products: Report of the Appellate Body." 1998-10-12. WT/DS58/AB/R, 77P.
(175) 川島富士雄. "米国のエビ・エビ製品の輸入禁止". ケースブックWTO法. 松下満雄，清水章雄，中川淳司編. 有斐閣，2009, pp. 134-136.
(176) 経済産業省通商政策局編. 不公正貿易報告書：WTO協定及び経済連携協定・投資協定から見た主要国の貿易政策. 2012年版，pp. 256-267.
(177) 小寺彰. "米国のガソリン基準". ケースブックWTO法. 松下満雄，清水章雄，中川淳司編. 有斐閣，2009, pp. 132-133.
(178) 西元. "DS394/395/398: 中国－原材料輸出規制に関する措置（パネル・上

第3章　輸出規制とWTO協定　115

　　　級委)". pp. 13-14.
(179)　WT/DS394/R, WT/DS395/R, WT/DS398/R, para. 7.402.
(180)　WT/DS2/AB/R.
(181)　経済産業省通商政策局編. 不公正貿易報告書：WTO協定及び経済連携協定・投資協定から見た主要国の貿易政策. 2012年版, pp. 256-267.
(182)　小寺. "米国のガソリン基準". pp. 132-133.
(183)　WT/DS394/R, WT/DS395/R, WT/DS398/R, paras. 7.384-7.386, 7.416-7.435.
(184)　西元. "DS394/395/398: 中国－原材料輸出規制に関する措置(パネル・上級委)". pp. 14-15.
(185)　松下. 中国鉱物資源輸出制限に関するWTOパネル報告書〜天然資源の輸出制限とWTO／ガット体制〜. pp. 1231-1239.
(186)　WT/DS394/R, WT/DS395/R, WT/DS398/R, paras. 7.395-7.398, 7.455.
(187)　西元. "DS394/395/398: 中国－原材料輸出規制に関する措置(パネル・上級委)". pp. 14-15.
(188)　WT/DS394/R, WT/DS395/R, WT/DS398/R, paras. 7.436-7.466.
(189)　西元. "DS394/395/398: 中国－原材料輸出規制に関する措置(パネル・上級委)". pp. 15-16.
(190)　松下. 中国鉱物資源輸出制限に関するWTOパネル報告書〜天然資源の輸出制限とWTO／ガット体制〜. pp. 1231-1239.
(191)　GATT第20条による正当化が認められるためには, 問題とされる措置が同条各号((a)〜(j))のいずれかに該当し, かつ, 同条柱書の要件を満たす必要がある。パネルは, GATT第20条(g)に関して本文に示した判断を下したことから, 同条柱書の要件が満たされているかどうかに関する検討は不要であるとして, これを行わなかった。下記注(192)参照。
(192)　WT/DS394/R, WT/DS395/R, WT/DS398/R, paras. 7.467, 7.469.
(193)　西元. "DS394/395/398: 中国－原材料輸出規制に関する措置(パネル・上級委)". p. 16.
(194)　松下. 中国鉱物資源輸出制限に関するWTOパネル報告書〜天然資源の輸出制限とWTO／ガット体制〜. pp. 1231-1239.
(195)　外務省経済局監修. 世界貿易機関(WTO)を設立するマラケシュ協定. pp. 966-969.
(196)　WT/DS394/R, WT/DS395/R, WT/DS398/R, paras. 7.470-7.471.
(197)　西元. "DS394/395/398: 中国－原材料輸出規制に関する措置(パネル・上級委)". p. 16.
(198)　松下. 中国鉱物資源輸出制限に関するWTOパネル報告書〜天然資源の輸出制限とWTO／ガット体制〜. pp. 1231-1239.
(199)　申立国から代替措置が提起された場合には, 問題とされる措置と代替措

置の比較検討が行われる。パネルは，この比較検討においては，代替措置が存在するかどうかだけではなく，代替措置がコストや技術等の観点から実際に利用可能かどうかが検討されなければならない，とした。下記注(200)，(202)，(203)参照。

(200) WT/DS394/R, WT/DS395/R, WT/DS398/R, paras. 7.478-7.492.
(201) 経済産業省通商政策局編．不公正貿易報告書：WTO協定及び経済連携協定・投資協定から見た主要国の貿易政策．2012年版，pp. 256-267.
(202) 西元．"DS394/395/398: 中国－原材料輸出規制に関する措置(パネル・上級委)"．p. 16.
(203) 松下．中国鉱物資源輸出制限に関するWTOパネル報告書～天然資源の輸出制限とWTO／ガット体制～．pp. 1231-1239.
(204) WT/DS394/R, WT/DS395/R, WT/DS398/R, paras. 7.511-7.516, 7.538.
(205) 西元．"DS394/395/398: 中国－原材料輸出規制に関する措置(パネル・上級委)"．pp. 16-17.
(206) 松下．中国鉱物資源輸出制限に関するWTOパネル報告書～天然資源の輸出制限とWTO／ガット体制～．pp. 1231-1239.
(207) WT/DS394/R, WT/DS395/R, WT/DS398/R, paras. 7.565-7.567.
(208) 西元．"DS394/395/398: 中国－原材料輸出規制に関する措置(パネル・上級委)"．p. 17.
(209) 松下．中国鉱物資源輸出制限に関するWTOパネル報告書～天然資源の輸出制限とWTO／ガット体制～．pp. 1231-1239.
(210) WT/DS394/R, WT/DS395/R, WT/DS398/R, paras. 7.587-7.590.
(211) 松下．中国鉱物資源輸出制限に関するWTOパネル報告書～天然資源の輸出制限とWTO／ガット体制～．pp. 1231-1239.
(212) パネルは，GATT第20条(b)に関して本文に示した判断を下したことから，同条柱書の要件が満たされているかどうかに関する検討は不要であるとして，これを行わなかった。下記注(213)参照。
(213) WT/DS394/R, WT/DS395/R, WT/DS398/R, paras. 7.591, 7.617.
(214) Ibid., paras. 7.613, 7.615.
(215) Ibid., paras. 7.618, 7.626.
(216) 西元．"DS394/395/398: 中国－原材料輸出規制に関する措置(パネル・上級委)"．p. 18.
(217) "China – Measures Related to the Exportation of Various Raw Materials: Reports of the Appellate Body." 2012-01-30. WT/DS394/AB/R, WT/DS395/AB/R, WT/DS398/AB/R, paras. 28-47.
(218) 西元．"DS394/395/398: 中国－原材料輸出規制に関する措置(パネル・上級委)"．p. 22.
(219) WT/DS394/AB/R, WT/DS395/AB/R, WT/DS398/AB/R, paras. 278-307,

318-344.
(220) 西元．"DS394/395/398: 中国－原材料輸出規制に関する措置（パネル・上級委）". pp. 22-23.
(221) WT/DS394/AB/R, WT/DS395/AB/R, WT/DS398/AB/R, paras. 353-361.
(222) 西元．"DS394/395/398: 中国－原材料輸出規制に関する措置（パネル・上級委）". p. 23.
(223) WT/DS394/AB/R, WT/DS395/AB/R, WT/DS398/AB/R, para. 362.
(224) WT/DS394/AB/R, WT/DS395/AB/R, WT/DS398/AB/R, para. 363.
(225) WTO. "China – Measures Related to the Exportation of Various Raw Materials."
(226) 西元．"DS394/395/398: 中国－原材料輸出規制に関する措置（パネル・上級委）". p. 31.
(227) 経済産業省通商政策局編．不公正貿易報告書：WTO協定及び経済連携協定・投資協定から見た主要国の貿易政策．2013年版．pp. 17-21.
(228) 多部田俊輔．"中国，鉱物輸出税を撤廃：9種対象WTOルールに従う". 日本経済新聞．2013-01-01.
(229) "China – Measures Related to the Exportation of Rare Earths, Tungsten and Molybdenum: Request for Consultations by the United States." 2012-03-15. WT/DS431/1, G/L/982, 5P.
(230) "China – Measures Related to the Exportation of Rare Earths, Tungsten and Molybdenum: Request for Consultations by the European Union." 2012-03-15. WT/DS432/1, G/L/983, 5P.
(231) "China – Measures Related to the Exportation of Rare Earths, Tungsten and Molybdenum: Request for Consultations by Japan." 2012-03-15. WT/DS433/1, G/L/984, 5P.
(232) "China – Measures Related to the Exportation of Rare Earths, Tungsten and Molybdenum: Request for the Establishment of a Panel by the United States." 2012-06-29. WT/DS431/6, 10P.
(233) "China – Measures Related to the Exportation of Rare Earths, Tungsten and Molybdenum: Request for the Establishment of a Panel by the European Union." 2012-06-29. WT/DS432/6, 10P.
(234) "China – Measures Related to the Exportation of Rare Earths, Tungsten and Molybdenum: Request for the Establishment of a Panel by Japan." 2012-06-29. WT/DS433/6, 10P.
(235) 日本，米国，欧州による協議要請を受けて，2012年3月に中国政府関係者（外交部報道官，工業信息化部幹部，商務部報道官）が発言した内容．下記注（236），（237），（238）参照．
(236) 山川，吉岡．"レアアース争奪火ぶた：日米欧，中国をWTOに提訴へ". 朝

日新聞. 2012-03-14.
(237) "WTOに協議要請：日・米・EU：中国の輸出規制で". 日刊産業新聞. 2012-03-15.
(238) "「レアアース輸出管理政策は正当」中国商務省が強調". 日刊産業新聞. 2012-03-19.
(239) 中国は，2012年7月のDSB会合において，輸出規制は天然資源の保護と持続的な経済発展を達成することを目的としたものであり，貿易を歪めるような方法で国内産業を保護する意図は全くない，と主張した．下記注(240)参照．
(240) WTO. "China blocks panel requests by the US, EU and Japan on 'rare earths' dispute." 2012-07-10. http://www.wto.org/english/news_e/news12_e/dsb_10jul12_e.htm, (accessed 2012-08-21).
(241) WTO. "China – Measures Related to the Exportation of Rare Earths, Tungsten and Molybdenum."
(242) 阿部. 中国レアアース輸出規制事件. pp. 12-16.
(243) 松下. 中国鉱物資源輸出制限に関するWTOパネル報告書〜天然資源の輸出制限とWTO／ガット体制〜. pp. 1231-1239.
(244) 経済産業省監修. 全訳中国WTO加盟文書. pp. 54-55, 220-225.
(245) WT/DS394/R, WT/DS395/R, WT/DS398/R, paras. 7.158-7.160, 8.2, 8.9, 8.16.
(246) WT/DS394/AB/R, WT/DS395/AB/R, WT/DS398/AB/R, para. 362.
(247) 山川, 吉岡. "レアアース争奪火ぶた：日米欧，中国をWTOに提訴へ". 朝日新聞. 2012-03-14.
(248) "WTOに協議要請：日・米・EU：中国の輸出規制で". 日刊産業新聞. 2012-03-15.
(249) "「レアアース輸出管理政策は正当」中国商務省が強調". 日刊産業新聞. 2012-03-19.
(250) WTO. "China blocks panel requests by the US, EU and Japan on 'rare earths' dispute."
(251) 経済産業省通商政策局編. 不公正貿易報告書：WTO協定及び経済連携協定・投資協定から見た主要国の貿易政策. 2012年版. pp. 256-267.
(252) WT/DS394/R, WT/DS395/R, WT/DS398/R, paras. 7.478-7.492.
(253) 西元. "DS394/395/398: 中国－原材料輸出規制に関する措置(パネル・上級委)". pp. 16-18.
(254) 松下. 中国鉱物資源輸出制限に関するWTOパネル報告書〜天然資源の輸出制限とWTO／ガット体制〜. pp. 1231-1239.
(255) WT/DS394/R, WT/DS395/R, WT/DS398/R, paras. 7.436-7.466.
(256) WT/DS394/AB/R, WT/DS395/AB/R, WT/DS398/AB/R, paras. 353-361.
(257) 西元. "DS394/395/398: 中国－原材料輸出規制に関する措置(パネル・上

　　　　　　　　　　　　　　　　　　　　　　　　第3章　輸出規制とWTO協定　119

　　　級委)". pp. 13-16.
(258)　松下．中国鉱物資源輸出制限に関するWTOパネル報告書～天然資源の輸
　　　出制限とWTO／ガット体制～．pp. 1231-1239.
(259)　西元．"DS394/395/398: 中国－原材料輸出規制に関する措置(パネル・上
　　　級委)". p. 30.
(260)　中国によるレアアースに対する輸出数量制限について，「2012年版不公正
　　　貿易報告書」は以下の内容を指摘している。下記注(261)参照。
　　　　　・(著者注：中国の)レアアース輸出は，措置の客観的構造上，国内業者の
　　　　　　みが独占的に利用できる留保分が資源保護にどのように貢献するのか
　　　　　　全く不明である。国内生産制限に違反した違法採掘を取り締まるため
　　　　　　に，生産枠以上の輸出を禁止するのであれば理解できるが，生産枠以
　　　　　　下に輸出量を制限する理由は定かではない。
　　　　　・中国の当該措置が公平の要請を満たし，資源保全に関する合理的な国家
　　　　　　裁量の範囲内で行われているか疑義を生じる。
　　　　　・輸出規制がかかるのは主として原材料段階のレアアースに対する輸出規
　　　　　　制でありレアアース半製品や完成品の輸出に数量規制は殆どかかって
　　　　　　いない。レアアースは国内で消費する限り従前同様に利用することが
　　　　　　できるため，レアアース生産のインセンティブは維持されたままであ
　　　　　　る。
　　　　　・一連の措置が環境保護や資源保全を目的として，適切に導入された措置
　　　　　　かどうかについて検討の余地があるだろう。
(261)　経済産業省通商政策局編．不公正貿易報告書：WTO協定及び経済連携協
　　　定・投資協定から見た主要国の貿易政策．2012年版，pp. 256-267.
(262)　外務省経済局監修．世界貿易機関(WTO)を設立するマラケシュ協定．pp.
　　　772-803.
(263)　経済産業省通商政策局編．不公正貿易報告書：WTO協定及び経済連携協
　　　定・投資協定から見た主要国の貿易政策．2012年版，pp. 469-475, 479.
(264)　松下．"序：WTOの紛争解決手続". pp. 1-7.
(265)　ただし，「2012年版不公正貿易報告書」によれば，中国はこれまでに
　　　WTOの紛争解決手続において敗訴した案件や，明らかにWTO協定違反にあ
　　　たる案件については，何らかの是正措置を実施する傾向がみられる。下記注
　　　(266)参照。
(266)　経済産業省通商政策局編．不公正貿易報告書：WTO協定及び経済連携協
　　　定・投資協定から見た主要国の貿易政策．2012年版，pp. 75-76.
(267)　Davey, William J. "WTO紛争解決手続における履行問題". 荒木一郎訳．
　　　WTO紛争解決手続における履行制度．川瀬剛志，荒木一郎編．三省堂，2005,
　　　pp. 1-35.
(268)　経済産業省通商政策局編．不公正貿易報告書：WTO協定及び経済連携協

定・投資協定から見た主要国の貿易政策．2012年版，pp. 469-475, 479.
(269) 松下．"序：WTOの紛争解決手続"．pp. 1-7.
(270) 西元．"DS394/395/398: 中国－原材料輸出規制に関する措置（パネル・上級委）"．pp. 29-30.
(271) 中国の生産量が世界全体の生産量に占める割合は，レアアースが約97％，アンチモンが約90％，タングステンが約83％，マグネシウムが約82％である。いずれも2009年の数字。下記注(272)参照。
(272) U.S. Geological Survey. *Mineral Commodity Summaries 2011*. Reston, 2011, pp. 19, 99, 129, 177. http://minerals.usgs.gov/minerals/pubs/mcs/2011/mcs2011.pdf, (accessed 2011-12-01).
(273) 経済産業省通商政策局編．不公正貿易報告書：WTO協定及び経済連携協定・投資協定から見た主要国の貿易政策．2012年版，pp. 17-20, 22-24.
(274) 経済産業省通商政策局編．不公正貿易報告書：WTO協定及び経済連携協定・投資協定から見た主要国の貿易政策．2013年版．pp. 17-21.
(275) 多部田．"中国，鉱物輸出税を撤廃：9種対象WTOルールに従う"．日本経済新聞．2013-01-01.
(276) 経済産業省通商政策局編．不公正貿易報告書：WTO協定及び経済連携協定・投資協定から見た主要国の貿易政策．2012年版，pp. 87-88.
(277) WTO. "Report on G20 Trade Measures (Mid-October 2010 to April 2011)." 63P. www.wto.org/english/news_e/news11_e/g20_wto_report_may11_e.doc, (accessed 2012-09-11).
(278) 経済産業省通商政策局編．不公正貿易報告書：WTO協定及び経済連携協定・投資協定から見た主要国の貿易政策．2012年版，pp. 245-246.
(279) 阿部．中国レアアース輸出規制事件．pp. 12-16.
(280) Ibid.
(281) 外務省経済局監修．世界貿易機関（WTO）を設立するマラケシュ協定．pp. 932-933, 966-969.
(282) 経済産業省通商政策局編．不公正貿易報告書：WTO協定及び経済連携協定・投資協定から見た主要国の貿易政策．2012年版，pp. 247-252, 268.
(283) 松下．中国鉱物資源輸出制限に関するWTOパネル報告書～天然資源の輸出制限とWTO／ガット体制～．pp. 1231-1239.

第4章　日本のレアアース政策

1．本章の構成

　本章では，日本のレアアース政策の現状と課題について述べる。

　日本政府は，レアアースの安定的な確保に向けて，これまでに様々な対策を実施してきた。その内容は，近年大幅に強化されている。日本政府がレアアース対策を強化する背景には，主に次の2つの事情があると考えられる。第一に，産業活動や環境対策にレアアースが果たす役割が従来にも増して大きくなっていることである。第二に，中国による生産・輸出規制の強化によって，日本国内におけるレアアースの供給不安が高まったことである。

　特に，2010年後半に起きた2つの出来事によって，日本国内における供給不安は著しく高まった。2つの出来事とは，同年7月に中国政府がレアアースの輸出数量枠を前年比で約4割削減する旨を発表したことと，同年9月下旬から約2カ月間にわたって中国から日本へのレアアース輸出が停滞したことである[1-3]。

　日本国内における供給不安が高まる中で，同年10月には経済産業省が総額1,000億円の予算措置を伴う「レアアース総合対策」を発表した[4]。その後も日本政府は，レアアースの安定的な確保を目的とする様々な対策を実施している。

　本章では，第一に，2006年以降に日本政府が発表した資源対策関連の文書（鉱物資源・非鉄金属対策，レアメタル対策，レアアース対策のいずれかに関連する文書）の内容を紹介する。日本政府によるレアアース対策が顕著に強化されたのは2010年後半以降であるが，それ以前にも様々な対策が実施されて

いた。ここでは，日本政府が発表した文書の内容に基づき，同政府がいかなるねらいのもとにレアアース対策を含む各種の資源対策に取り組んでいるのかを示す。

第二に，日本政府によるレアアース対策の具体的内容を紹介する。日本政府によるレアアース対策は，海外における資源確保の支援，リサイクルの推進，代替材料開発・使用量低減技術開発の推進，レアアース関連企業等に対する国内立地支援，二国間・多国間の枠組を通じた対話・紛争解決等の取組から構成される。それぞれの項目について，これまでに実施された主な取組の内容を説明する。

第三に，今後日本がさらなるレアアース対策を実施する上で，特に重点的に取り組むべき課題を指摘する。課題として挙げるのは，レアアース各元素の需給バランスの調整，レアアース応用技術の優位性の確保，の2点である。

2. 資源対策に関する日本政府の基本方針

日本は，2000年代中盤以降に，レアアースを含むレアメタルの安定的な確保を目的とする対策を大幅に強化した。対策の実施に関する日本政府の基本方針は，同政府が発表した資源エネルギー分野における各種の「戦略」，「報告書」，「指針」，「計画」等に示されている。ここではそれらの文書の中から，同政府が2006年以降に発表した主要な文書を選び，その内容を紹介する。

2.1 新・国家エネルギー戦略

「新・国家エネルギー戦略」は，2006年5月に経済産業省によって発表された。同戦略は，石油及び天然ガスの確保や省エネの推進等，エネルギー安全保障の強化に関する方針を示す文書であるが，その中には金属資源の確保について言及した部分がある。

同戦略が示した金属資源の確保に関する主な方針は，次のとおりである。

- 近年需給逼迫が激しく，産業活動全体のボトルネックとなることが懸念される金属資源の確保戦略についても総合的な強化を図る。
- 我が国産業競争力の向上を図っていく上で不可欠なレアメタルについて探鉱開発，関連投資活動や，関係の深い経済協力案件の発掘強化や

必要な二国間協定等の整備などを行うとともに，鉱物資源に関するリサイクルの促進，代替材料開発等総合的な対策を強化する[5]。

2.2　資源戦略研究会報告書

　資源戦略研究会は，経済産業省資源エネルギー庁長官の私的研究会として2005年12月に設置された有識者会合である。同研究会の検討結果をまとめた報告書「非鉄金属資源の安定供給確保に向けた戦略」は，2006年6月に発表された。

　同報告書は，非鉄金属資源に関する情勢等について，以下を要点とする認識を示した。

- 非鉄金属資源は，国民生活や産業活動において広範に使用される不可欠な基礎的な素材であり，自動車，IT関連製品等，広範囲の工業製品の製造に不可欠な原材料として利用されている。特に，レアメタルについては，我が国製造業の国際競争力の源ともいうべき製品・部品の原材料として必須である。
- エネルギー資源同様，非鉄金属資源についても，国際的な資源獲得競争が激化しており，レアメタルを含む多くの非鉄金属について，過去数年間に国際需給の逼迫や国際価格の高騰が生じている。
- 非鉄金属資源の消費量は世界的に拡大を続けており，特に中国は世界最大級の資源消費国となっている。中国は，銅・ニッケル等については資源輸入国に転じて，我が国と競合関係が生じている一方で，一部のレアメタルについては経済成長に伴う内需の拡大を背景として，輸出抑制的な政策を講じている。
- 非鉄金属資源のほぼ全量を海外からの輸入に依存せざるを得ない我が国にとって，産業競争力の確保の観点から，その安定供給確保は極めて重要な政策課題である[6]。

　これらの認識を踏まえ，同報告書は，非鉄金属資源の安定的な確保に向けて，以下を要点とする対策を打ち出した。なお，下記①〜④は，いずれも中長期的な対策として位置付けられている。

① 探鉱開発等による原料確保
・石油天然ガス・金属鉱物資源機構(JOGMEC)，国際協力銀行（JBIC），日本貿易保険(NEXI)等による支援の活用等
② 資源国との関係強化
・ODAの活用，資源国政府との政策対話の推進，経済連携協定（EPA）・自由貿易協定(FTA)交渉の活用等
③ リサイクルの推進
・リサイクル・リユースを容易にするための製品開発の実施，リサイクル関連技術開発の実施等
④ 代替材料開発・省使用化技術開発の推進
・インジウム，レアアース，タングステン等を対象とする技術開発の実施[7]

このほか，同報告書は，短期的な供給障害に備えるための対策として「レアメタル備蓄制度の見直し」を挙げた。また，「レアメタルの需給動向等に関する調査・統計の充実」や「探鉱開発等に係る人材育成」の必要性についても言及した[8]。

さらに，特にレアアースに関する政策課題について，以下を要点とする指摘を行った。

・東南アジア等，中国以外の資源産出国における探鉱開発が課題
・日本国内における使用済み製品(電池や磁石)からのリサイクルの推進に向けて，技術開発を含む，国内の処理体制整備が課題
・磁石等，レアアース以外では性能が発揮できない製品向けの代替材料開発の可能性について，理論面・技術面の研究推進が課題[9-10]

2.3 レアメタル対策部会報告書

2006年10月から2007年6月にかけて，経済産業省資源エネルギー庁の審議会「総合資源エネルギー調査会」の「鉱業分科会レアメタル対策部会」は，「昨今の鉱物資源を取り巻く各種情勢の変化を踏まえ今後のレアメタル対策はいかにあるべきか」をテーマとする検討を行った。その結果，報告書「今後のレアメタルの安定供給対策について」がとりまとめられ，2007年7月に発

表された。

　同報告書は，レアメタルに関する情勢等について，以下を要点とする認識を示した。

- レアメタルの安定供給確保は，我が国製造業の国際競争力の維持・強化の観点から極めて重要である。
- レアメタルの消費量はアジアを中心として急拡大を続けており，国際需給の逼迫や国際価格の高騰・高止まりが生じている。
- 中国は，レアメタルを含む多くの金属原料について，輸出抑制策を急激に講じている[11]。

また，同報告書は，「レアメタル供給の特殊性」に関して以下の認識を示した。

　レアメタルは，いわゆるベースメタルと比較し，一般に希少性や偏在性が強く，加えて，ベースメタル等の副産物として産出される場合が多いという特殊性を有する。このため，レアメタルの供給については，主産物であるベースメタルの生産動向や，生産国の輸出政策，主要生産施設の状況等の影響を大きく受けることは避け難い[12]。

　その上で，同報告書は，レアメタルの安定的な確保に向けて，以下を要点とする対策を打ち出した。下記①〜③は中長期的な対策として，下記④は短期的な供給障害に備えるための対策として位置付けられている。

① 海外探鉱開発の実施と資源外交
- ODA・政策金融・貿易保険等の活用による海外探鉱開発の推進，レアメタル自由貿易の促進及び資源国における円滑な投資環境の確保，ハイレベルの資源外交の積極的な展開等
② リサイクル
- 製品の製造プロセスにおいて発生する「工程くず」の発生抑制，「工程くず」や使用済み製品の回収ルートの整備と回収量の確保，経済性のあるリサイクル技術の確立等

③ 代替材料開発
　・「希少金属代替材料開発プロジェクト」の着実な推進等
④ 備蓄
　・ニッケル，クロム，マンガン，バナジウム，コバルト，タングステン，モリブデンの7鉱種を対象に実施[13]

さらに，同報告書は，特にレアアースに関する政策課題について，以下を要点とする指摘を行った。

- 南アフリカ，中央アジア，東南アジア，インド等，中国以外の資源産出国における探鉱開発が課題。その際，放射性物質の含有が少なく，中重希土を多く含む鉱床を見つけることが重要。
- ネオジム磁石の製造プロセスで発生する「工程くず」の発生抑制，国内における経済性のある「工程くず」リサイクルプロセスの開発・整備，使用済み製品に含まれるネオジム磁石のリサイクルに関する技術開発が課題。
- 磁石向けの代替材料開発の可能性について，研究の推進が課題。省使用化技術開発の着実な実施も重要[14-15]。

2.4　資源確保指針

「資源確保指針」は，「我が国への資源エネルギーの安定供給確保に当たり，特に重要と考えられる権益取得案件及び資源調達案件を支援していくための関係機関を含む政府全体の指針」として策定された文書であり，2008年3月に閣議了解を経て公表された[16]。

同指針が対象とするのは，「石油，石炭及び天然ガス並びにウラン，レアメタルその他の鉱物資源」である。同指針は，これらの資源の安定的な確保に向けて日本政府が従来よりも一層積極的な役割を果たす，という姿勢を打ち出した[17]。

同指針は，まず，資源分野において以下の状況変化が起きていることを指摘した。

- 資源価格の高騰や資源ナショナリズムの高まりを背景に，資源産出国

による自国資源の国家管理の強化が顕著となっている。
- 資源産出国において，その探鉱及び開発に係る権益が国又は国営企業により独占され，あるいは外国資本に対する参入規制が強化される事例が増加している。
- 開発・操業の事業遂行が民間企業に委ねられていても，ロイヤリティや税の引き上げ，輸出・開発規制，付帯条件の義務付けなど，資源産出国の政府の関与が強化される事例が増加している[18]。

これらの状況変化を踏まえ，同指針は「重要な資源獲得案件に対する支援に係る基本方針」を示した。以下はその要点である。

- 二国間及び多国間外交を通じ，資源産出国との包括的・互恵的な関係を構築する。
- 資源産出国の実情に応じた柔軟な対応を行う。「国内に存する資源が必ずしも十分に開発されていない潜在的な資源産出国」，「具体的資源開発プロジェクトが進行している資源産出国」，「自立的・安定的な経済発展を目指す資源産出国」のそれぞれに対して，相手国の実情に応じた対応を行う。
- 資源産出国との関係構築にあたっては，JBIC，新エネルギー・産業技術総合開発機構（NEDO），JOGMEC，日本貿易振興機構（JETRO），NEXI等の支援策に加え，ODAを活用する[19]。

また，同指針は，以上の基本方針に基づく取組を進めるにあたり，政府内の連携や政府及び関係機関の連携を一層強化する必要があることを強調した[20]。

2.5 レアメタル確保戦略

2008年9月に閣議決定された「新経済成長戦略フォローアップと改訂」において，「資源確保のみならずリサイクル等をも含めた総合的なレアメタル確保戦略を策定」することが定められた。これを受けて，同年10月から2009年6月にかけて「総合資源エネルギー調査会」の「鉱業分科会」は，「今後のレアメタルの安定供給に向けた総合的な戦略」に関する検討を行った。経済

産業省は，同分科会における検討結果を踏まえて「レアメタル確保戦略」をとりまとめ，2009年7月にこれを発表した[21-23]。

同戦略は，レアメタルに関する情勢等について，以下を要点とする認識を示した。

- レアメタルの安定供給確保は，我が国製造業の国際競争力の維持・強化の観点から極めて重要である
- レアメタルの消費は世界的に拡大しており，需給の逼迫と価格の変動性の高まりが生じている
- 一部の資源国は，輸出抑制等により自国資源に対する国家管理を強化している[24]

また，同戦略は，優先的に対策に取り組む必要のある「重要な鉱種」を特定する方針を打ち出した。この点に関する同戦略の記述は次のとおりである。

- 安定供給確保を速やかにかつ効果的・効率的に実現していくためには，需給の現状や見通し等を踏まえて，レアメタルの鉱種毎の評価を行い，優先度を見極めつつ取り組んでいくことが重要である。
- 優先度が高いと評価された重要な鉱種については，より一層，資源開発，リサイクル，代替材料開発及び備蓄の各対策による取組の強化を検討し，鉱種の特性に応じた，集中的・戦略的な取組を行うべきである[25]。

その上で，同戦略は，レアメタルの安定的な確保に向けて，以下を要点とする対策を打ち出した。その内容は，大筋では資源戦略研究会報告書やレアメタル対策部会報告書が示した対策に沿ったものであり，海外資源確保，リサイクル，代替材料開発，備蓄が「4つの柱」として掲げられている。なお，備蓄については，「短期的な供給途絶リスクへの対応を目的とするもの」と位置づけられている。

① 海外資源確保
　　・資源外交：資源国との戦略的互恵関係の構築，技術移転・環境保全

協力等我が国の強みを発揮した協力，鉱山周辺インフラ整備等へのODAツールの活用，エネルギー協力との連携等
- 資源開発：重要な鉱種の権益確保，資源探査の強化，JOGMEC・JBIC・NEXI等の機能を活用したリスクマネーの安定的供給，我が国周辺海域の海底熱水鉱床の開発等

② リサイクル
- 重要な鉱種のリサイクルの推進，携帯電話・小型家電等のリサイクルシステム構築，リサイクル技術開発の促進，アジア大の資源循環システムの構築等

③ 代替材料開発
- 重要な鉱種の代替材料開発・使用量削減技術開発の推進，研究開発促進に向けた産学官連携の強化，研究開発拠点の整備等

④ 備蓄
- コバルト・タングステン・バナジウム・モリブデンの備蓄積み増し，インジウム・ガリウムの備蓄対象への追加等[26-28]

さらに，同戦略は，上記の「4つの柱」に加えて，資源人材の育成，資源分野の技術力強化，関係者が一体となった取組の促進等の必要性を指摘した[29-30]。

2.6 エネルギー基本計画

「エネルギー基本計画」は，「エネルギー政策基本法」に基づき策定される計画である。同計画は2003年10月に策定され，その後，2007年3月及び2010年6月に改定が行われた。同計画の策定及び改定は閣議決定事項である[31-33]。

2010年6月に発表された第二次改定版には，「レアメタル等鉱物資源」の安定的な確保に向けて，以下を要点とする基本方針が盛り込まれた。

第一は，鉱物資源の「自給率」に関する数値目標の設定である。同改定版は，2030年のベースメタル及びレアメタルの「自給率」について，前者は80％以上，後者は50％以上を目指すという目標を掲げた[34-35]。

第二は，優先的に対策に取り組む必要のあるレアメタルの特定である。具体的には，「需要拡大の見込みや特定国への偏在性や依存度，供給障害リスク

等の観点から，安定供給のために政策資源の集中投入が必要と考えられるもの」を「戦略レアメタル」と位置づけ，これに該当するものとしてレアアース，リチウム，タングステンを挙げた。また，「こうした条件を満たさないものの今後戦略レアメタルとなる可能性の高いレアメタル」を「準戦略レアメタル」と位置づけ，これに該当するものとしてニオブ，タンタル，白金族を挙げた[36]。

その上で，同改定版は，特にレアメタルの安定的な確保に向けて，以下を要点とする対策を打ち出した。

- 我が国の環境保全技術や探査・採掘・選鉱・製錬技術を活用し，探鉱や開発調査，資源国と共同での鉱山開発事業を推進する。
- JOGMEC・JBIC・NEXI等を通じたリスクマネー供給支援等，レアメタル資源確保を目指す我が国民間企業に対する政府支援の一層の充実を図る。
- 供給者から最終消費者までの民間企業を一体として捉え，官民連携したレアメタル資源獲得体制を構築することを目指す。
- ODAや政策金融等の様々な政策手法を総動員しつつ，個別の資源国側の事情に合った協力事業（産業振興・人材育成・地域インフラ整備等）を行い，二国間関係を戦略的に強化していく。
- 「戦略レアメタル」等を含む製品等（自動車・超硬工具・携帯電話・小型家電等）のリサイクルを推進する。
- 代替材料開発及び使用量削減のための技術開発を実施する[37]。

2.7　レアアース総合対策

2010年10月に，経済産業省は合計1,000億円の予算措置を伴う「レアアース総合対策」を発表した。同対策は，主に以下の4つの項目から構成される。

① 代替材料・使用量低減技術開発（120億円）
　・レアアース等の代替技術・使用量低減技術開発及び加速化
② 日本を世界のレアアース・リサイクル大国に（30億円）
　・レアアース等，希少資源を回収するリサイクル設備を導入
③ レアアース等利用産業の高度化（390億円）

- コアなレアアース技術を有する企業の国内立地を支援し，日本企業の高い国際競争力を維持・強化
④ 鉱山開発・権益確保／供給確保(460億円)
- 海外レアアース鉱山の権益確保(JOGMECによる資産買収への出資及びリスクマネー供給機能の強化)，日本企業が推進中の海外レアアース鉱山の開発加速[38]

　同対策の特徴は，主に次の3点である。
　第一は，レアアースの安定的な確保を主な目的とする初めての対策という点である。従来の「戦略」，「報告書」，「指針」，「計画」によって打ち出された対策は，あくまでも鉱物資源・非鉄金属全般あるいはレアメタル全般を対象とするものであり，レアアースはその一部という位置づけであった。他方で，「レアアース総合対策」においては，文字通りレアアースの確保が目的の中心に据えられた。
　第二は，対策の規模が非常に大きい点である。同対策の実施のために，2010年度補正予算において1,000億円が計上された[39]。例年の本予算において，鉱物資源分野の施策のために計上される予算額の合計が数百億円程度であることを考えれば[40-41]，レアアースという特定鉱種の確保を主な目的とする対策に，これだけの規模の予算が計上されたことは異例である。
　第三は，レアアース関連企業等の日本国内への立地を支援するための取組が盛り込まれた点である。従来の鉱物資源・非鉄金属対策やレアメタル対策には，このような国内立地支援策は盛り込まれていない。「レアアース総合対策」は，国内立地支援策を資源対策の一環として実施した初めての例となった。

2.8　資源確保戦略

　「資源確保戦略」は，2012年6月に発表された。同戦略は，世界的な資源確保競争の激化や東日本大震災以降の化石燃料の調達コスト増大等，資源を巡る国内外の厳しい情勢に鑑み，「現在の資源確保の現状および今後の見通しをあらためて分析し，我が国の官民の持つリソースを最大限活かすために」策定されたものである[42-43]。
　同戦略が対象とする資源は，石油・天然ガス，鉱物資源，石炭である。同

戦略は，これらの資源の「安定的かつ安価な供給の確保」のために重点的に取り組む事項として，以下の5点を挙げた。

① 資源の重要供給国・地域への政府一体となった働きかけ
② 資源ユーザー企業の上流開発への関与の促進
③ 資源国に対する協力のパッケージ化
④ 資源権益獲得に対する資金供給機能の強化
⑤ 国際的なフォーラムやルールの積極活用[44-45]

また，同戦略は，特に鉱物資源に関する情勢等について，以下を要点とする認識を示した。

- レアメタル，レアアース等の鉱物資源は，「高付加価値・高機能ものづくり」に不可欠である。
- レアメタル・レアアース等の中でも一部鉱種については，中国や一部の国に極度に依存しており，調達が資源国や特定のサプライヤーを巡る状況や方針次第で，深刻な事態に直面する状況となっている。
- 産業の基礎資材として利用される，鉄，アルミニウム，銅，鉛，亜鉛，すず等のベースメタルも代替性が低く，昨今の新興国を含めた経済成長により需給が逼迫している。
- 鉱物資源の供給リスクが近年高まっている背景には，新興国による鉱物資源需要の拡大，中国等の資源外交の活発化，資源の偏在，「資源ナショナリズム」の台頭，サプライヤーの寡占化等の要因がある[46]。

その上で，同戦略は，鉱物資源の「安定的かつ安価な供給確保」に向けて，以下を要点とする「取組の方向性」を示した。

① 戦略的鉱物資源の特定，政策リソースの重点配分
　・政府として重点的に資源獲得に取り組むべき鉱種を「戦略的鉱物資源」として特定し，政府による金融支援等を優先的に行う（レアアースを含む30鉱種が「戦略的鉱物資源」として特定された[47]）。
② 中長期的観点からの上流権益確保の更なる促進

・上流権益確保に向けて，探査・製錬技術，人材育成，水関連インフラ整備を核とする資源国への協力のパッケージ化，権益確保の取組に対するものづくり企業の参画の促進，資源国との政策対話やWTO・EPA等の戦略的活用を行う。
③ 代替材の開発・普及，リサイクルの推進，（短期的な需給の逼迫が懸念される鉱種を対象とする）備蓄の増強[48]

以上のように，日本政府は，資源エネルギー分野における各種の「戦略」，「報告書」，「指針」，「計画」等において，レアアース，レアメタル，さらには鉱物資源・非鉄金属全般の安定的な確保を目的とする様々な対策を打ち出してきた。これらの対策の内容は，①海外資源確保，②リサイクル，③代替材料開発・使用量低減技術開発，④国内立地支援，⑤備蓄，の5つの項目に大別することができる。これらの5項目が，日本政府による上記資源を対象とする対策の柱にあたる。

3．レアアース対策の内容

次に，日本政府がこれまでに実施したレアアース対策の具体的内容を，上記の5項目（①海外資源確保，②リサイクル，③代替材料開発・使用量低減技術開発，④国内立地支援，⑤備蓄）のそれぞれについて説明する。また，日本政府は，上記①〜⑤の取組のほかに，「二国間・多国間の枠組を通じた対話や紛争解決等の取組」を進めており，その内容についても説明する。

3．1　海外資源確保

レアアース対策の一つ目の柱は，中国以外の地域におけるレアアースの生産量を拡大し，当該地域からの調達量を増やすことによって，中国からの輸入に依存する割合を引き下げることである。

2009年時点においては，中国が世界全体のレアアース生産量の約97％を生産していた[49]。特定の資源の生産が一つの国に極端に集中する環境下では，その国の政策変更や鉱山における障害の発生等が，当該資源の供給量や価格に重大な影響を与える。例えば，2010年7月に中国はレアアースの輸出数量枠を前年比で約4割削減することを発表したが，各種レアアース金属の価格

はその後の一年間で10倍前後の上昇を記録した[50-51]。

　日本が数量及び価格の両面においてレアアースの安定的な確保を実現するためには，調達先を多角化することにより，中国からの輸入に過度に依存する状態から脱却する必要がある。

　最近では，中国による生産・輸出規制の強化やレアアース価格の高騰を背景として，レアアースの開発・生産プロジェクトが中国以外の地域において活発に進められている。その代表例として，米国のMt.Pass鉱山の再開，豪州のMt.Weld鉱山及びベトナムのDong Pao鉱山の開発，インド及びカザフスタンにおけるウラン鉱残渣からレアアースを回収する取組が挙げられる。これらのプロジェクトの大部分には日本企業が参加している。そのうちのいくつかが成功すれば，日本のレアアース輸入量に占める中国からの輸入量の割合（中国依存度）は大幅に低下することになると期待される[52-55]。

　他方で，一般的に資源開発プロジェクトは，投資決定の判断から生産開始に至るまでに長い期間を要する。また，生産設備等の初期投資コストが大規模であるために，その回収にも長い期間を要することになる。レアアースの場合も例外ではない。開発・生産プロジェクトを実施する際には，商業的に十分な資源量の発見に至らないという探査リスク，鉱山施設及び周辺インフラへの投資に伴うリスク，資源国による鉱業政策変更のリスク等と対峙し続けなければならない[56]。

　さらにレアアースの場合には，需要が小さいために，たとえリスクを伴う鉱山開発に成功したとしても，それに見合う利益を得ることが期待しづらいという要素が加わる。また，レアアース価格の変動性の高さや需要予測の難しさも，プロジェクトを進める上での障害となる。

　以上の点を踏まえれば，民間企業が独力でレアアースの開発・生産プロジェクトを成功させることは容易ではない。そこで，レアアースの調達先の多角化に向けて，政府及び関係機関が民間企業に対して積極的な支援を行い，中国以外の地域におけるレアアースの開発・生産プロジェクトの成功を後押しする必要がある。

　日本政府及び関係機関は，主に次の２つの方法により，日本企業の海外における資源確保の取組を支援している。一つは，企業に対する資金面の支援である。もう一つは，資源外交等を通じた資源国との関係強化である。

　まず，資金面の支援の内容について説明する。

海外における資源確保の取組は，原則的には民間企業がその担い手となる。民間企業が，海外の鉱山における開発・生産プロジェクトに参画し，あるいは海外で生産された資源の輸入に係る契約を締結する主体となる。

しかし，このような資源確保の取組を進める上では，大規模な資金を調達し，長期にわたり各種のリスクに対峙し続けなければならない。民間企業がこの負担を全て背負うことは困難である。そこで，JOGMEC，JBIC，NEXI等の機関が，民間企業に対して資金面の支援を提供する。

図4-1に，上記機関の主な資金面の支援制度のうち，海外における資源確保を対象とするものを示す[57-58]。探鉱，開発，生産，原料輸入の各段階に対して，様々な支援制度が用意されている。日本企業は，これらの制度を活用することにより，過度のリスクを抱え込まずに海外における資源確保に取り組むことができる。

JOGMECの資金面の支援制度のうち，海外における資源確保を対象とするものは主に次の3種類である。第一は，日本企業[59-61]が海外で金属鉱物[62]の探鉱を行う際に，JOGMECが所要資金の一部の出資又は融資を行う制度である[63]。第二は，日本企業が海外で金属鉱物の採掘及びこれに付随する選鉱・製錬等を行い，所要資金の調達のために民間金融機関等から借入を行う際に，JOGMECが当該借入に対して債務保証を行う制度である[64]。第三は，日本企業が海外の開発・生産段階にある鉱山の権益を取得する際に，JOGMECが所要資金の一部を出資する制度である(資産買収出資制度)[65-67]。

図4-1 海外資源確保に関する主な資金面の支援制度

	探鉱	開発	生産	原料輸入
JOGMEC	出資/融資	債務保証		
		資産買収出資		
JBIC		融資		
NEXI		貿易保険		

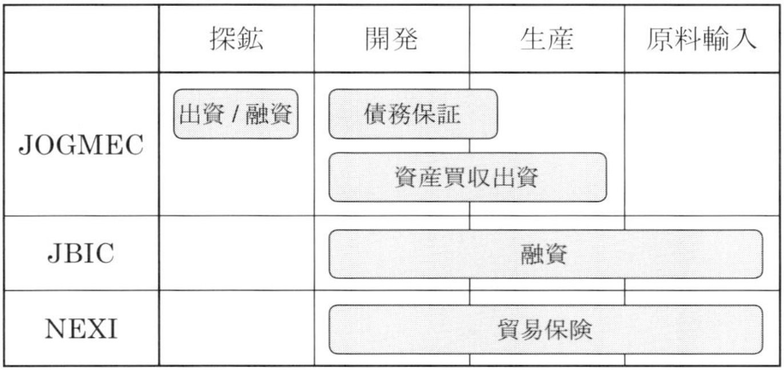

(出典）経済産業省「レアメタル等の確保に向けた取組の全体像」；西川信康「JOGMEC金融支援事業の最近の成果について」p. 222より作成。

JOGMECの支援制度は，近年大幅に強化されている。その主要な例を以下に挙げる。

① 資産買収出資制度の新設
　・同制度は，2010年7月のJOGMEC法改正により新設された。同制度を利用して，日本企業が豪州のMt.Weld鉱山の権益を一部取得し，年間最大9,000トンのレアアースを10年間にわたって引き取る契約を締結した。
② 探鉱案件への出資要件見直し
　・従来は，いわゆる「ナショナルプロジェクト」等の外国企業と共同で実施する大規模案件のみが対象とされていたが，日本企業が単独で実施する小規模案件も対象に追加された。
③ 探鉱案件への出資比率の上限引き上げ
　・従来は，ベースメタル等の場合には10％，レアメタル等の場合には30％が上限とされていたが，全ての対象鉱種の上限が50％に引き上げられた。
④ 債務保証制度の財源となる債務保証基金の充実
　・2007年度の37億円から，2011年度には360億円に増額された。
⑤ 出融資制度及び債務保証制度の対象鉱種の拡大
　・鉄及びレアメタルの一部が対象に追加された[68-69]。

次に，JBIC及びNEXIの支援制度について説明する。

JBICは，輸入金融及び投資金融による支援を行っている。輸入金融は，石油・天然ガス・石炭・金属鉱物等の重要物資を輸入する日本企業に対し，JBICが一般の金融機関と協調して所要資金を融資する制度である。投資金融は，日本企業による海外（主に開発途上地域）での資源開発等の事業に必要な長期資金を，JBICが一般の金融機関と協調して融資する制度である。この制度では，日系現地法人に対してJBICが直接融資することができるほか，日系現地法人に対して出資・融資を行おうとする外国政府・企業にJBICが融資することもできる[70]。

NEXIは，海外におけるエネルギー・鉱物資源の権益取得及び引取等の案件に関し，そのリスクを軽減するための貿易保険（「資源エネルギー総合保険」

等)を提供することにより，日本企業の資源確保の取組を支援している[71-72]。

資源エネルギー総合保険は，以下の２つの場合に，日本企業の損失を填補するものである。第一に，日本企業が資源確保のために外国政府・企業に長期の事業資金を融資したものの，①戦争，革命，外貨交換の禁止，外貨送金の停止，自然災害等の不可抗力や，②融資先等の破産や不払いによって，貸付金の返済・償還が受けられなくなった場合である。第二に，日本企業が資源確保のために海外で子会社や合弁会社を設立したものの，戦争，収用，テロ行為，自然災害等の不可抗力によって，その会社が事業を継続できなくなった場合である[73-76]。

以上が，JOGMEC，JBIC，NEXIによる主な資金面の支援の内容である。

次に，日本政府による資源外交等を通じた資源国との関係強化について述べる。

上記機関による資金面の支援を受けて，日本企業が海外における資源確保を目的とする事業に挑戦するようになったとしても，そのことによって資源の安定的な確保が必ずしも保証されるわけではない。場合によっては，日本政府が中心となって，日本企業が事業を展開している，あるいは展開しようとしている国の政府(以下，相手国政府と略)に対して働きかけを行い，事業の成功を後押しする必要がある[77]。

日本政府による相手国政府への働きかけが効果を発揮すると考えられるのは，主に以下の４つの場合である。

第一に，海外の鉱山における開発・生産プロジェクトが，その国の政府系企業によって実施されている場合である。日本企業がそのようなプロジェクトへの参加を目指す際には，日本企業による相手国の政府系企業との交渉のみならず，日本政府による相手国政府へのハイレベルの働きかけが重要な意味を持つ[78-85]。

第二に，日本企業が参加する開発・生産プロジェクトの進捗が，相手国政府による許認可手続の遅れによって滞っている場合である。開発・生産プロジェクトを実施する際には，探査・採掘や環境保全等に関する各種の許認可を相手国政府から取得する必要がある。しかし，相手国政府の審査の遅れにより，許認可が下りるまでに長い期間がかかることがある。このような場合には，日本政府から相手国政府に対して許認可手続の迅速化を求める必要がある。

第三に，相手国政府の資源分野に関する政策変更が，日本企業の参加する開発・生産プロジェクトの円滑な実施を妨げるおそれがある場合である。政策変更の例として，プロジェクトの国有化や外資参入制限の強化，生産・輸出規制の強化，生産物の国内における高付加価値化の義務付け，鉱業関連税及び課徴金の引き上げ等が挙げられる[86]。これらの政策変更が実施されるか，あるいは実施されようとしており，それが日本企業による資源確保の取組に悪影響を及ぼすと判断される場合には，日本政府から相手国政府に対して政策の見直しを求める必要がある[87]。

　第四に，日本企業が参加する（あるいは参加を目指している）開発・生産プロジェクトの実施に伴い，大規模なインフラ整備等が必要になる場合である。資源開発を行う際には，同時に電気・水道・道路・鉄道・港湾等のインフラ整備を実施する必要が生じることが多い。また，企業の社会的責任を果たすために，鉱山周辺の地域開発の一環として，学校・病院等の施設建設や，電気・水道等のインフラ整備が必要になることもある。さらに，相手国政府から，日本企業がプロジェクトに参加する条件として，上記の各種インフラの整備や相手国における産業・人材育成への協力が求められることもある[88]。

　これらの幅広い分野にわたるインフラ整備等を，企業が独力で実施することは困難であり，日本政府及び関係機関による支援が必要になる。特に，相手国政府から要請があり，かつ相手国がODA対象国の場合には，日本政府が相手国政府との調整を行った上で，ODAによるインフラ整備等を実施することが可能である。

　以上の4点が，日本政府による相手国政府への働きかけが効果を発揮すると考えられる場合である。日本政府は，これまでに首脳級・閣僚級を含むハイレベルの資源外交を展開し，資源国の政府に対して積極的な働きかけを行ってきた。

　表4-1は，レアアースの確保に向けて，日本政府がベトナム，インド，カザフスタンの各政府に対して実施した資源外交の主な内容である[89-94]。

　これらの3カ国においては，日本企業が相手国の政府系企業と共同でレアアースの開発・生産プロジェクトを実施することが決定した。これは，日本企業による豪州のMt.Weld鉱山の権益獲得（JOGMECの資産買収出資制度を利用）とあわせ，レアアースの調達先の多角化に大きく貢献するものである。なお，レアアースの調達先の多角化に関し，2012年11月に枝野幸男経済産業

表4-1 レアアース確保に関する最近の主な資源外交実績

相手国	時期	内容
ベトナム	2009年 1月	第2回日越石炭・鉱物資源政策対話(副大臣級) ・Dong Pao鉱山の共同開発に合意。日本側は周辺インフラ整備調査の開始を約束。
	2010年 8月	直嶋経産大臣がズン首相他関係閣僚と会談 ・日本側から早期の採掘権認可を要請。
	2010年11月	日越首脳会談(菅総理大臣-ズン首相) ・ベトナムは同国におけるレアアース開発のパートナーを日本とすることを決定。
	2011年10月	日越首脳会談(野田総理大臣-ズン首相) ・Dong Pao鉱山に関する共同開発に合意し、政府間文書に署名。
インド	2010年10月	日印首脳会談(菅総理大臣-シン首相) ・レアアースの研究・開発に向けた二国間協力の可能性追求に合意。
	2011年12月	日印首脳会談(野田総理大臣-シン首相) ・日印の企業が早期にレアアースの生産・輸出のための産業活動を共同で行うことを決定。
	2012年 4月	第1回日・インド閣僚級経済対話(日本側から玄葉外務大臣、枝野経産大臣他が出席) ・できるだけ早期の交渉決着と、所定の手続を経ての共同事業の開始を双方で目指すことについて一致。
	2012年11月	政府間覚書署名 ・両国企業によるレアアース共同生産・輸出につき、政府間の覚書に署名。
カザフスタン	2009年10月	第1回日本カザフスタン経済官民合同協議会(次官級) ・日本企業、JOGMEC、カザフスタン国営原子力公社の間でレアアース回収事業に関する覚書に調印。
	2010年 3月	合弁会社設立署名 ・直嶋経産大臣とサウダバエフ外務大臣の立会いの下、日本企業とカザフスタン国営原子力公社が合弁会社の設立に署名。
	2012年 5月	枝野経産大臣がイセケシェフ産業・新技術大臣と会談 ・日本向けレアアースの共同開発と生産拡大を進めることに合意。

(注) 肩書きは全て当時のもの。
(出典) 外務省「第1回日・インド閣僚級経済対話(概要)」；経済産業省「レアメタル確保戦略参考資料集」；経済産業省資源エネルギー庁鉱物資源「インドとのレアアース協力に係る政府間の覚書に署名しました」；JOGMEC「JOGMEC、カザフスタンのレアアース回収事業の推進に向けたMOUに調印」；「資源確保戦略(概要)」；「資源確保を巡る最近の動向」より作成。

大臣(当時)は、「来年(2013年)半ば以降、おおむね5割程度は中国以外から確保できる」見通しが立った旨の認識を示した[95-96]。

資源外交のほかにも、日本政府は資源国との関係強化に向けて様々な取組を行っている。以下に、その例として3点を挙げる。

第一は、2009年に創設された「鉱山等周辺インフラF/S調査制度」である。この制度は、日本企業が開発途上国において参加している、あるいは参加を検討している資源開発案件について、その開発及び操業のために必要となる周辺インフラの整備に向けた実現可能性調査を実施するものである。この制度の活用により、資源開発の円滑な進展のみならず、相手国の経済発展の実

現にも資するインフラ整備を効果的に実施することが可能になる[97-98]。

　第二は，2010年10月の「レアアース総合対策」に盛り込まれた「レアアース鉱山開発加速化資源国協力事業」である。この事業は，世界各地におけるレアアースの開発・生産プロジェクトのうち，日本企業が参加するプロジェクトが実施されている資源国を対象として，レアアースの開発・生産に関する技術協力及び人材育成協力等を実施するものである[99]。

　第三は，2011年度3次補正予算により実施された「持続的資源開発推進対策事業」である。この事業は，資源国に対し，環境保全・鉱害防止に関する技術・人材面の支援や，効率的なレアメタル生産に資する設備の普及に向けた支援等を提供するものである[100]。

　以上が，資源国との関係強化に向けた主な取組の内容である。

　最後に，海洋鉱物資源の開発について述べる。日本政府は，海外における資源確保の取組に加えて，日本の周辺海域における海洋鉱物資源の開発に向けた取組を進めている。経済産業省は，太平洋海底に大規模に存在する可能性が指摘されている「レアアース資源泥[101-102]」を含む海洋鉱物資源の開発に向けて，2013年度予算概算要求に「海底熱水鉱床採鉱技術開発等調査事業」を盛り込んだ。この事業は，「レアアース資源泥」を含む海洋鉱物資源の開発に必要となる「採鉱（鉱石の採掘）」及び「揚鉱（海底からの鉱石引き上げ）」技術等の開発加速化を目的とするものである[103]。

3.2　リサイクル

　レアアース対策の二つ目の柱はリサイクルである。日本はレアアース需要のほぼ全量を輸入に依存している。他方で，日本国内においては自動車及び電気電子製品をはじめとする各種製品の中に多量のレアアースが蓄積されているとみられる[104-105]。

　このような国内に蓄積された資源を「都市鉱山[106-107]」と捉え，そこに含まれるレアアースをリサイクルすることにより，レアアースの輸入量を削減することが可能になる。また，国内の「都市鉱山」をレアアースの新たな調達先とすることにより，調達先の多角化を実現することもできる。

　現在，日本国内においては，ネオジム磁石やニッケル水素電池の製造工程において発生する「工程くず」を原料とするレアアースのリサイクルが実施されている。しかし，使用済製品に含まれるレアアースのリサイクルは，ほ

とんど実施されていないとみられる[108-111]。

　使用済製品に含まれるレアアースのリサイクルを促進するためには，次の条件を成立させる必要がある。その条件とは，使用済製品に含まれるレアアースのリサイクルに要するコストが，レアアース原料を海外から調達するコストよりも低いか，少なくとも同程度である状態が継続することである。リサイクルに要するコストとは，レアアースを含有する使用済製品の回収，使用済製品からのレアアース含有部位の取り外し，レアアース含有部位からのレアアースの抽出，を含む一連の工程において発生するコストのことを指す。この条件が成立すれば，企業は自発的に使用済製品に含まれるレアアースのリサイクルを実施するようになる。

　しかし，この条件を成立させることは非常に難しい。現状においては，主に以下の2つの理由により，リサイクルに要するコストが非常に高くなっており，これを大幅に削減しない限り上記の条件を成立させることはできない。

　第一の理由は，レアアースを含有する使用済製品の回収が容易ではないことである。レアアースを原料として使用する製品には，自動車，家電（エアコン等），パソコン，携帯電話，産業用ロボット，医療機器（MRI），風力発電機，蛍光ランプ，カメラ等の様々な製品が含まれる。これらの製品の中には，使用済製品を回収する枠組が存在しないものや，回収の枠組はあっても回収率が低いものが多く含まれている[112-114]。このため，現状においては，自動車や家電等を除き，レアアースを含有する使用済製品の大規模な回収は実現していない。回収量が確保できなければ，規模の経済が働かず，リサイクルコストの削減は進まない。

　第二の理由は，回収された使用済製品からのレアアース含有部位の取り外しが容易ではないことである。レアアースは上記の各種製品の主要な構成元素ではなく，製品に特定の機能や付加価値を与えるための「添加剤」として用いられることが多い。使用済製品に含まれるレアアースをリサイクルするためには，レアアース含有部位（「添加剤」としてのレアアースが特に多く使用されている部位）を製品から取り外す作業が必要になる。

　例えば，ハイブリッド自動車の駆動用モーターに含まれるレアアースをリサイクルするためには，自動車を解体してモーターを取り外した上で，モーターを分解してネオジム磁石を取り出す必要がある。この工程は，現状では多額のコスト（人件費等）を要する。

これらの現状を踏まえれば，使用済製品に含まれるレアアースのリサイクルに要するコストを削減するためには，①レアアースを含有する使用済製品の回収促進，②使用済製品からレアアース含有部位を取り外す工程の効率向上，に取り組む必要がある。また，③レアアース含有部位からレアアースを抽出する工程の効率向上，に取り組むことも，コスト削減を図る上で有効である。

　日本政府は，使用済製品に含まれるレアメタル（レアアースを含む）のリサイクルを促進するために様々な取組を実施している。その大部分は，上記①〜③のいずれかを目的とするものである。以下に，日本政府による主な取組を紹介する。

　上記①については，レアメタルを含有する各種の使用済製品のうち，小型の電気電子機器の回収を促進するための取組が行われている。従来，小型の電気電子機器については，使用済製品を回収するための枠組が存在せず，その早期確立が課題とされていた。

　2008年12月には，経済産業省及び環境省が「使用済小型家電からのレアメタルの回収及び適正処理に関する研究会」を設置した[115]。

　同研究会は，家庭で使用する電気電子機器のうち，法律に基づく回収の対象とされておらず，かつ比較的小型のものを「小型家電」と定義した。その上で，同研究会は，全国7地域において使用済小型家電の回収モデル事業を実施し，使用済小型家電からの「適正かつ効果的なレアメタルのリサイクルシステムの構築」に向けた検討を行った[116]。

　同研究会における主な検討事項は以下の3点である。

- 使用済小型家電の効果的・効率的な回収方法
- 回収された使用済小型家電におけるレアメタルの含有実態
- 回収された使用済小型家電における有害物質の含有実態とその適正な処理手法[117]

　同研究会の検討結果は，2011年4月に発表された。発表された文書（「使用済小型家電からのレアメタルの回収及び適正処理に関する研究会とりまとめ」）には，上記3点の検討結果に加え，使用済小型家電のリサイクルシステムの構築に向けた課題に関する指摘等が盛り込まれた。特に，使用済小型家

電の回収量の確保に関する「制度的課題」については，以下を要点とする指摘が示された。

- 使用済小型家電の回収量を確保するためには，複数の市町村に渡る広域の回収エリアを設定し，回収を行うことが有効である。
- しかし，回収した使用済小型家電が一般廃棄物である場合，廃棄物処理法に基づく収集運搬及び処分に関する規制が適用され，広域での円滑な回収の実施が困難になる場合がある。
- 具体的には，関係する複数の市町村間における一般廃棄物処理計画の調和が求められることや，収集運搬等を行う民間事業者が複数の市町村から事業許可を取得しなければならないこと等が障害となる[118]。

その後，2012年8月には，「使用済小型電子機器等の再資源化の促進に関する法律」が公布された。同法は，使用済小型電子機器等の広域での回収を促進するために，廃棄物の処理及び清掃に関する法律（廃棄物処理法）の特例を定めるものである[119-120]。

同法における「小型電子機器等」とは，「一般消費者が通常生活の用に供する電子機器その他の電気機械器具」のうち，「効率的な収集及び運搬が可能」であり，かつ「再資源化が廃棄物の適正な処理及び資源の有効な利用を図る上で特に必要なもの」を指す[121]。

同法は，使用済小型電子機器等の広域での回収を促進するために，以下の措置を定める。

- 市町村等が回収した使用済小型電子機器等について，これを引き取り確実に適正なリサイクルを行うことを約束した者を環境大臣及び経済産業大臣が認定する。
- 認定を受けた者又はその委託を受けた者が使用済小型電子機器等のリサイクルに必要な行為を実施する際には，廃棄物処理法の特例措置として，市町村等による廃棄物処理業の許可を不要とする[122-123]。

これらの措置は，上記研究会が指摘した「制度的課題」の解決に資するものである。広域での回収を実施する上での障害を取り除くことにより，レア

メタルを含有する使用済小型電子機器等の回収量が増加することが期待される。

次に，上記②及び上記③に関する日本政府の取組について述べる。これらの2点に関しては，主に技術開発に対する支援が行われている。

経済産業省は，2007年度から2010年度にかけて「希少金属等高効率回収システム開発事業」を実施した。この事業においては，使用済小型電気電子機器中のレアメタル含有部位を物理的に選別し，選別された部位からレアメタルを化学的に抽出する工程を構築するための技術開発等に対する支援が行われた[124-125]。

また，経済産業省は，2009年度に「都市資源推進循環事業」の一環として「高性能磁石モータ等からのレアアースリサイクル技術開発」に対する支援を行った。具体的には，パソコン・エアコン等に含まれるモーターから効率的にネオジム磁石を分離・回収するための装置開発等が支援の対象となった[126-127]。

さらに，経済産業省は，2012年度に「希少金属代替材料開発プロジェクト」の一環として，ネオジム磁石のリサイクルに関する技術開発及び実証への支援を行った。具体的には，使用済のハイブリッド自動車やエアコン等からのモーターの取り外し，モーターからのネオジム磁石の分離・回収，ネオジム磁石からのレアアースの抽出等の工程を効率的に行うための技術開発及び実証が支援の対象となった[128-129]。

環境省は，2009年度から「循環型社会形成推進研究事業」等において，使用済製品に含まれるレアメタルのリサイクルを効率的に行うための研究・技術開発に対する支援を実施している。支援対象には以下の項目が含まれる。

・使用済製品及び廃棄物からのレアメタル回収技術の開発（効率的な解体・選別・分離技術の開発）
・使用済製品及び廃棄物に含まれる有害物質を適正に処理する技術の開発
・レアメタルの回収・適正処理を行うシステムの設計に関する研究[130-131]

以上が，日本政府による，使用済製品に含まれるレアメタル（レアアースを含む）のリサイクル促進に向けた主な取組の内容である。

このほか，製造工程において利用・廃棄されるレアアースのリサイクルについては，経済産業省が2008年度から2012年度にかけて「希土類金属等回収技術研究開発事業」を実施した。同事業においては，研磨剤に含まれるランタン，セリウムの再利用や，蛍光体に含まれるイットリウム，ユウロピウム，テルビウム等の抽出を効率的に行うための技術開発が支援の対象となった[132-134]。

以上のように，日本政府は，レアメタル（レアアースを含む）のリサイクル促進に向けて，様々な取組を積極的に実施している。なお，レアメタルのリサイクルに関する日本政府の基本方針は，産業構造審議会及び中央環境審議会の合同会合の「中間とりまとめ」（2012年9月発表）に示されている。その要点は以下のとおりである。

同文書は，「リサイクルを重点的に検討すべき鉱種」として，ネオジム，ジスプロシウム，コバルト，タンタル，タングステンの5鉱種を挙げた。その上で，レアメタルを多く含有する使用済製品の排出が本格化すると見込まれる2010年代後半までの間を「条件整備集中期間」と位置付け，政府主導の下に，主に以下の3つの対策を実施する方針を示した。

① レアメタルを含有する使用済製品の回収量の確保
　・既存の回収の枠組に基づく使用済製品の回収率の向上，新たな回収の枠組の構築，使用済製品の違法な輸出の防止等
② リサイクルの効率性の向上
　・技術開発の推進，製品中のレアメタル含有情報の共有，製品の解体を容易にするための設計の促進等
③ 「資源循環実証事業」の実施
　・関係事業者により，使用済製品の回収から選別，再資源化，再利用に至るまでの一連の工程を実施（「資源循環実証事業」）
　・上記事業の実施を通じた，関係事業者によるリサイクルシステムの効率性向上に向けた課題の抽出及び解決，経験・ノウハウの蓄積[135-136]

「資源循環実証事業」の対象となるのは，ネオジム，ジスプロシウム，コバルト，タングステンの4鉱種のリサイクルである。このうち，2012年度には，

使用済超硬工具からのタングステンのリサイクルに関する実証事業が実施された[137-138]。

3.3　代替材料開発・使用量低減技術開発

　レアアース対策の三つ目の柱は，代替材料開発及び使用量低減技術開発である。代替材料開発とは，特定の製品又は部品に使用される原料を，ある元素から別の元素に切り替えるための技術開発である。使用量低減技術開発とは，特定の製品又は部品に使用される原料について，その単位あたりの使用量を減らすための技術開発である。いずれについても，原料となる元素の代替又は使用量低減を行いつつ，製品・部品に従来と同等以上の機能を発揮させることが求められる。

　これらの技術開発は，より安定的な供給が見込まれる元素に原料を切り替えること（代替材料開発）や，切り替えが難しい場合には供給に不安のある元素の使用量を減らすこと（使用量低減技術開発）によって，資源セキュリティの強化を図ろうとする取組である。

　レアメタル等を対象とする代替材料開発及び使用量低減技術開発については，内閣府，文部科学省，経済産業省，科学技術振興機構（JST），NEDOが連携し，2007年度から2つのプロジェクトを実施している。一つは，文部科学省を中心とする「元素戦略プロジェクト」であり，主に基礎段階にある技術開発を対象とするものである。もう一つは，経済産業省を中心とする「希少金属代替材料開発プロジェクト」であり，実用化を目指す技術開発を対象とするものである[139]。これらのプロジェクトには，日本国内の多数の企業及び大学等の研究機関が参加している。

　これらのプロジェクトにおいては，レアアースに関する以下の技術開発が実施されている。

　「元素戦略プロジェクト」においては，2007年度から2011年度にかけて「低希土類元素組成高性能異方性ナノコンポジット磁石の開発」が実施された。これは，ネオジム磁石に使用されるレアアース元素の大幅な低減を目指した技術開発である。また，2012年度からの10年間の計画で，ネオジム磁石と同等の性能を有する磁石を「希少元素を用いることなく作成すること」を目指した技術開発が実施されている[140-142]。

　「希少金属代替材料開発プロジェクト」には，レアアースに関する以下の6

種類の技術開発が含まれる(下記の各項目の末尾は,技術開発の実施(予定)年度を表す)。

① 希土類磁石向けジスプロシウム使用量低減技術開発(2007〜2011年度)
② 精密研磨向けセリウム使用量低減技術開発及び代替材料開発(2009〜2013年度)
③ 蛍光体向けテルビウム・ユウロピウム使用量低減技術開発及び代替材料開発(2009〜2013年度)
④ ネオジム磁石を代替する新規永久磁石の開発(2009〜2015年度)
⑤ 高性能モーター等向けイットリウム系複合材料の開発(2009〜2010年度)
⑥ 排ガス浄化向けセリウム使用量低減技術開発及び代替材料開発(2010〜2011年度)[143-144]

このプロジェクトは,製品の機能や製造コストを少なくとも現状と同等に維持しつつ,下記の目標値を実現する製造技術を開発し,企業及び大学等の外部機関に対して機能評価のための試料提供が可能となる水準に到達することを目指すものである。

上記①の目標値:ジスプロシウムの使用原単位(1製品あたりの使用量)を,現状から30%以上低減
上記②の目標値:セリウムの使用原単位を,現状から30%以上低減
上記③の目標値:テルビウム及びユウロピウムの使用原単位を,現状から80%以上低減
上記④の目標値:ネオジム及びジスプロシウムの使用原単位を,現状から100%低減
上記⑥の目標値:セリウムの使用原単位を,現状から30%以上低減[145]

以上の2つのプロジェクトのほかに,経済産業省は2012年度からの10年間の計画で「次世代自動車向け高効率モーター用磁性材料技術開発」を実施している。このプロジェクトは,新たな高効率モーターの開発に向けて,以下

の項目を含む技術開発を行うものである。

- ジスプロシウムを使用しない高性能ネオジム磁石の開発
- レアアースを使用せず，かつ，ネオジム磁石を超える性能を持つ新磁石の開発[146]

なお，以上に述べた技術開発プロジェクトは，資源セキュリティの強化のみならず，日本の強みである材料分野の技術力のさらなる向上に貢献することが期待される[147]。

3.4 国内立地支援

レアアース対策の四つ目の柱は，レアアースを原料とする製品・部品の生産に携わる企業等に対する「国内立地支援」である。

日本企業が保有する優れたレアアース応用技術は，自動車や電気電子機器をはじめとする各種製品に高い機能や付加価値を与えることを通じて，日本の製造業の国際競争力を支えている。

しかし，中国による生産・輸出規制の強化等によってレアアースの調達が困難になれば，レアアースを原料とする製品・部品の生産に携わる企業は，原料確保のために何らかの対策を講じざるを得なくなる。有力な対策の一つは，生産拠点の海外への移転である。仮に生産拠点の海外への移転が相次げば，技術流出のリスクが高まるだけでなく，中長期的にはレアアース応用技術に関する日本の研究開発能力の低下を招くおそれもある。

これらの懸念を踏まえ，日本政府は，高度なレアアース応用技術を持つ企業等を対象に，その生産拠点の日本国内への立地を支援する取組を行っている。この取組は，企業等がレアアースを含むレアメタルのリサイクルや使用量低減等に資する設備投資を行う際に，経済産業省が所要経費の補助を行う形で実施されている。

このような設備投資への支援は，原料の供給減少や価格高騰に強い耐性を持つ製造工程の確立に資するものである。支援の提供により，レアアースを原料とする製品・部品の生産に携わる企業の日本国内における事業継続意欲は高まると考えられる。

日本政府は，レアアース分野に関連する「国内立地支援」として，これま

でに以下の3つの事業を実施している。

第一は，「レアアース総合対策」（2010年10月発表）の一環として実施された「レアアース等利用産業等設備導入事業」である。本事業は，以下に掲げる設備を導入する企業に対し，経済産業省が所要経費の補助を行うものである。本事業においては，232件の設備投資が補助対象として採択された[148-150]。

- レアアース等の使用量低減に資する設備
- レアアース等の供給源多様化に資する設備
- レアアース等の国内循環に資する設備
- 原材料としてレアアース等が使用されている部品・製品等の試験・評価に必要となる設備，又はそのような部品・製品等の量産技術の確立に必要となる設備[151-152]

第二は，2011年度補正予算により実施された「レアアース・レアメタル使用量削減・利用部品代替支援事業」である。本事業は，レアアースを含むレアメタルの使用量低減等に資する設備投資等を支援するものである。具体的には，以下の要件を満たす設備投資又は研究開発を行う企業・研究機関等に対し，経済産業省が所要経費の補助を行った。本事業においては，79件が補助対象として採択された[153-155]。

「実用化研究，実証研究[156-157]，試作品製造又は性能・安全性評価」を行うための設備導入又は研究開発であって，次のいずれかに必要なもの。
- レアアース等の使用量を削減するか，あるいは全く使用せずに，従来と同等の機能を有する部品・製品の生産を事業化すること
- レアアース等の供給源多様化に資する新たな精製分離技術又はリサイクル技術を事業化すること[158]

第三は，2011年度補正予算に基づき実施された「国内立地補助事業」である。本事業は，主に以下のいずれかの要件に該当する企業が設備投資等を実施する際に，経済産業省が所要経費の補助を行うものである。本事業は，レアメタル関連の企業のみを対象とするものではなく，補助対象として採択さ

れた510件の中には，レアメタル以外の様々な分野の企業による設備投資案件等が含まれている[159-160]。

- サプライチェーンの中核分野となる代替が効かない部品・素材分野
- 将来の雇用を支える高付加価値の成長分野[161-163]

3.5 備蓄

　日本には，1983年に創設されたレアメタル備蓄制度が存在する。しかし，レアアースは，同制度における備蓄対象鉱種に含まれていない。2012年末時点における備蓄対象鉱種は，ニッケル，クロム，タングステン，コバルト，モリブデン，マンガン，バナジウム，インジウム，ガリウムの9鉱種である[164-165]。

　レアメタル備蓄制度の主な目的は，短期的な供給障害発生のリスクに備えることである。備蓄目標は，いずれの備蓄対象鉱種についても国内消費量の60日分に設定されている。JOGMECが管理する「国家備蓄」がその7割にあたる42日分を担い，本制度に参加する民間企業が個別に管理する「民間備蓄」が残りの3割にあたる18日分を担うことが目標とされている[166-167]。

　レアアースは，同制度における備蓄対象鉱種とはされていないものの，白金，ニオブ，タンタル，ストロンチウムの4鉱種と共に「要注視鉱種」に指定されている。「レアメタル確保戦略」によれば，「要注視鉱種」とは「備蓄対象に準ずる重要な鉱物」のことを指す。同戦略は，「要注視鉱種」の取扱について，次の考え方を示している。

　　産業界のニーズの把握に努め，市況への影響，長期保存の技術的課題等への対応の可能性を見極めつつ，可能となるものについては速やかに備蓄に取り組むべきである[168]。

3.6 二国間・多国間の枠組を通じた対話や紛争解決等の取組

　最後に，二国間及び多国間の枠組を通じた対話や紛争解決等の取組について述べる。
　日本政府は，レアアースの調達先の多角化や需要の抑制に向けて，海外資

源確保，リサイクル，代替材料開発・使用量低減技術開発等の取組を積極的に進めている。

しかし，これらの取組を進める一方で忘れてはならないのが，中国からのレアアースの調達に力を注ぐことの重要性である。

中国には，世界最大のレアアース生産量を誇るBaiyun Obo鉱山をはじめ，多くの優良なレアアース鉱山が存在する。重希土類を豊富に含むことが多く，かつ放射性物質をほとんど含まないイオン吸着鉱からの生産が行われていることも中国の強みである。これまでのところ，中国以外の地域においてイオン吸着鉱の開発が行われた例はない。

現在，世界各地においてレアアースの開発・生産プロジェクトが実施されているが，少なくとも当面の間は，世界最大のレアアース生産国という中国の地位は揺るがないと考えられる。特に重希土類については，中国が圧倒的な供給力を発揮し続ける可能性が高い。

以上の点を踏まえ，日本政府は，中国からのレアアースの安定的な調達の実現に向けて，二国間及び多国間の枠組を通じ，様々な取組を行っている。以下に，主な取組を紹介する。

第一に，日本と中国の二国間対話について述べる。日中間においては，首脳級，閣僚級，次官級，局長級等，様々なレベルの会合が開催される。近年，これらの会合の際に，レアアースに関する問題が取り上げられる例が増えている。具体的には，日本側から中国側に対し，輸出規制，価格高騰，内外価格差等の改善を求めている模様である[169]。

表4-2には，2010年9月から2011年9月までの間に，日中間の会合等においてレアアースの問題が取り上げられた主な機会を列挙した[170-174]。首脳級・閣僚級等のハイレベルの会合において，頻繁にレアアースに関する意見交換が行われている。

この表に示した機会に限らず，日本政府は様々な場面において，中国政府に対する働きかけを行っている。例えば，2011年12月の日中首脳会談においては，野田佳彦総理（当時）が温家宝首相（当時）に対し，日本へのレアアースの安定供給を要請した[175]。このほか，日中ハイレベル経済対話（閣僚級），日中経済パートナーシップ協議（次官級），日中レアアース交流会議（局長級）等において，日本政府は中国政府に対し，中国からの安定的なレアアースの調達を実現するための働きかけを行っている[176-178]。

表4-2　レアアースの問題が取り上げられた日中間の会合等（2010年9月～2011年9月）

時期		内容
2010年	9月以降	中国から日本へのレアアース輸出が停滞する
	11月13日	大畠章宏経済産業大臣と張平国家発展改革委員会主任との会談
	11月以降	中国からのレアアース輸出が通常の状態に復する
2011年	4月24日	海江田万里経済産業大臣と陳徳銘商務部長との会談
	5月21日	海江田万里経済産業大臣と陳徳銘商務部長との会談
	5月22日	菅直人総理と温家宝首相との会談
	6月8日	麻生太郎総理特使と温家宝首相、楊潔篪外交部長との会談
	6月10日	海江田万里経済産業大臣から陳徳銘商務部長、張平国家発展改革委員会主任へのレター発出
	7月18日	海江田万里経済産業大臣と陳徳銘商務部長との会談
	7月24、25日	日本国際貿易促進協会代表団（河野洋平団長）と温家宝首相、陳徳銘商務部長との会談
	9月5日	日中経済協会訪中団（張富士夫団長）と李克強副首相、商務部、工業信息化部との会談

(注) 肩書きは全て当時のもの。
(出典) 経済産業省製造産業局非鉄金属課「レアアース・レアメタル使用量削減・利用部品代替支援事業（平成23年度3次補正予算）」；外務省「日中首脳会談（概要）」；日本経済新聞2010年11月14日記事；新華網日本語版2011年7月25日記事；人民網日本語版2011年9月7日記事より作成。

　第二に、多国間の枠組（WTO、G20、APEC[179]）を通じた取組について述べる。

　WTOにおける紛争解決については、第3章に詳しく述べたとおりである。中国原材料輸出規制事件においては、パネル及び上級委員会により、中国による9種類の原材料に対する輸出税及び輸出数量制限等の措置はWTO協定違反にあたる、という結論が示された。本件の申立国は米国、欧州、メキシコであり、日本は第三国として参加した[180]。

　中国レアアース等輸出規制事件の申立国は、日本、米国、欧州である。これらの3カ国・地域は、中国によるレアアース等に対する輸出税及び輸出数量制限等の措置はWTO協定違反にあたる、と主張している。本件のパネルは2012年7月に設置されており、今後、その判断が示されることになる（同年末時点においては、同パネルの報告書は発表されていない）[181]。

　G20及びAPECにおいては、輸出規制をはじめとする保護主義的な措置を牽制する声明が発表されている。近年のG20サミットやAPEC首脳会議において発表される首脳宣言には、貿易分野における保護主義的な措置への強い反対を示す文言が盛り込まれており、日本もその内容を支持している。

　2012年6月にメキシコで開催されたG20ロスカボス・サミットにおける首脳宣言には、次の文言が盛り込まれた。

我々は，世界中で増加している保護主義の事例を深く憂慮している。(中略)新たな輸出規制及び輸出を刺激するためのWTO非整合的な措置を含め，既に採られた可能性があるいかなる新たな保護主義的措置も是正するとの我々のプレッジを再確認する[182-184]。

　また，2012年9月にロシアのウラジオストクで開催されたAPEC首脳会議における首脳宣言には，次の文言が盛り込まれた。

　我々は，(中略)新たな輸出制限を課すこと，又は輸出刺激措置を含むすべての分野におけるWTO非整合的な措置の実施を2015年末まで控えるとの誓約を再確認する。我々は，保護主義的措置を是正し，WTOの規定と整合的であるとしても重大な保護主義的影響を及ぼす措置の実施を最大限抑制することを継続するとのコミットメントを再確認する[185-187]。

　このほか，日本政府は，レアアース分野における米国政府及び欧州政府との連携強化に取り組んでいる。経済産業省及びNEDOは，米国エネルギー省及び欧州委員会と共に，2011年10月と2012年3月の2度にわたり「レアアース安定供給確保のための日米欧三極によるワークショップ」を開催した[188]。この会合には，日米欧の産学官のレアアース関係者が出席し，レアアースの資源開発，リサイクル，代替・使用量低減に関する研究開発等について議論を行った[189-190]。
　レアアースの主要消費国・地域である日本，米国，欧州は，この会合における情報・意見交換を通じて連携を強化し，レアアースの安定的な確保に向けた対策を加速させようとしている。

4．今後の課題

　以上のように，日本政府は様々なレアアース対策を実施している。対策の成果は，主に次の2つの形で表れている。
　一つは，調達先の多角化である。日本のレアアース輸入量に占める中国からの輸入量の割合（中国依存度）は，2007年の約90％から，2012年には約58％に低下した[191-192]。

もう一つは，需要の抑制である。リサイクルや使用量低減の取組の進展により，日本のレアアース需要量は減少する傾向にある[193-194]。2007年から2012年にかけての日本のレアアース需要量の推移は，第1章の表1-4に（24頁）示したとおりである。

しかし，これらの成果をもって，レアアースの問題は解決に近づきつつあると結論するのは早計である。日本は依然として，レアアース需要の5割以上を中国からの輸入に依存している（2012年時点）。殊に重希土類の調達先は，中国南部のイオン吸着鉱に集中しているとみられる。また，中国によるレアアースに対する輸出規制は，今のところ緩和される兆しはない。

日本は今後も，レアアースの調達の安定性を高めると共に，国内のレアアース産業のさらなる発展を実現するために，レアアース対策を積極的に実施する必要がある。

以下では，今後，日本がレアアース対策を実施する上で，特に重点的な取組が必要になると考えられる課題について述べる。ここで指摘する課題は，①レアアース各元素の需給バランスの調整，②レアアース応用技術の優位性の確保，の2点である。上記①は，レアアース原料の調達に関わる課題であり，上記②は，調達したレアアース原料の利用に関わる課題である。

1）レアアース各元素の需給バランスの調整

日本のみならず，レアアースの生産国と消費国の双方にとって，今後の最重要課題になると考えられるのが，レアアース各元素の需給バランスを調整することである。

現在，世界各地においてレアアースの開発・生産プロジェクトが進展している。これは，日本をはじめとするレアアース消費国にとって，調達先の多角化が容易になるという点において歓迎すべき状況である。

他方で，これらのプロジェクトの進展に伴い，レアアース各元素の需給バランスは大きく崩れる可能性が非常に高い。そして，この問題を放置すれば，プロジェクトそのものの継続に支障が生じるおそれがある。以下では，そのように考えられる理由を説明した上で，いかなる対策をとるべきなのかについて述べる。

第1章に述べたように，レアアース各元素の需給バランスは崩れやすい。これは，レアアース元素の大部分が鉱石中に混合した状態で存在することに

起因する．各元素は，互いに他の元素の副産物として産出するため，特定の元素の生産量を決めると，自動的に他の元素の生産量が定まる．各元素の生産量を自由に調節することは難しい．

他方で，レアアース各元素の需要は，それぞれ他の元素から独立した形で定まる．各元素は，互いに異なる用途を持つ．その需要は，各元素を原料とする製品の需要の増減や，技術革新に伴う新用途の誕生等によって絶えず変化する．

このような条件の下で，レアアース各元素の需給には非常に高い確率で不一致が生じる．需給の不一致は，たいていの場合には，資源量が多く，それに見合うほどの需要のない元素の供給過剰となって表れる．具体的には，ランタン及びセリウムに供給過剰が発生しやすい．

供給過剰の発生は，レアアース鉱山の経営に悪影響を及ぼす．第一に，特定の元素に供給過剰が発生すれば，その元素の価格は下落する．第二に，価格が下落しても買い手のつかない生産物は，収益を生まない一方で，生産・保管・廃棄に係る費用を生む．

したがって，各元素の需給バランスを調整し，特にランタン及びセリウムの供給過剰の発生を防ぐことは，レアアース鉱山の経営の健全性を維持し，生産活動を長期にわたり継続する上で非常に重要である．しかし，その実現は容易ではない．

そもそも，レアアース鉱山の大部分は軽希土類に富む鉱山である．その中でも，ランタン及びセリウムは特に多く含まれる．例えば，Baiyun Obo鉱山においては，鉱石中に含まれるレアアースの約50％がセリウムであり，約23％がランタンである[195]．

中国国内においては，これらの2つの元素に大幅な供給過剰が生じている模様である[196]．また，世界各地における開発・生産プロジェクトの進展に伴い，ランタン及びセリウムの供給過剰の問題はさらに悪化する可能性が高い．

レアメタルニュースは，主要なレアアースの開発・生産プロジェクトが順調に進むと仮定した場合，数年以内に世界全体の軽希土類の供給量は年間数万トンの規模で増加し，その大部分をランタン及びセリウムの増加が占めることになる，という見通しを示している[197-198]．世界全体のレアアース需要が年間10万トン程度であることを考えれば[199-201]，年間数万トンの軽希土類の追加供給は市場に多大な影響を及ぼすと見込まれる．

ランタン及びセリウムの供給過剰が顕著になれば，上述の２つの理由（価格下落，余分な生産・保管・廃棄費用の発生）によって，軽希土類に富む鉱山の業績は悪化する。仮に，新たに年間数万トンの軽希土類が供給される一方で，それに見合う需要が生まれなければ，一部の鉱山（殊に，軽希土類に富み，かつ価格競争力に劣る鉱山）は操業継続が困難となる事態に陥るおそれがある。

　ここで注意すべきなのは，中国以外の地域のレアアース鉱山は，中国のレアアース鉱山に比べて，価格競争力に劣ることが多いと考えられることである。これは，中国における人件費及び環境対策費の相対的な低さ，Baiyun Obo鉱山のような大規模鉱山の存在，採掘が容易なイオン吸着鉱の存在等の要因[202]により，中国のレアアース鉱山の多くが，相対的に低い単位生産量あたりの生産コストで操業することができるためである。

　本来，世界各地において進展中のレアアースの開発・生産プロジェクトは，レアアースの調達先の多角化に大きく貢献するはずのものである。しかし，各元素の需給バランスを調整することの重要性が軽視され，軽希土類に富む鉱山を対象とする開発・生産プロジェクトが乱立することになれば，結局はそれがプロジェクト自身の首を絞めることになる。すなわち，大幅な供給過剰の発生が業績の悪化を招き，価格競争力に劣る中国以外の地域のプロジェクトが真っ先に中止に追い込まれる，という構図である。

　以上を踏まえれば，中国以外の地域における持続的なレアアース生産の実現に向けて，レアアース各元素の需給バランスを調整するための対策を早急に実施する必要がある。実施すべき対策は次の４点である。

① ランタン及びセリウム等の新規用途開発
② 重希土類を豊富に含む鉱山の開発
③ 重希土類を対象とするリサイクル
④ 重希土類を対象とする代替材料開発及び使用量低減技術開発

　上記①の新規用途開発については，従来は主に企業が自主的な取組として実施していた。日本政府は，代替材料開発や使用量低減技術開発のように「脱レアアース」を目的とする材料開発への支援を積極的に行う一方で，レアアースの新規用途開発への支援をほとんど行っていない。

しかし，資源量が豊富であり，供給過剰が発生しやすいランタン及びセリウム等の元素の需要を創出することは，世界各地におけるレアアースの開発・生産プロジェクトの収益性を改善する上で重要である。

今後は，日本政府によるレアアース対策の一環として，これらの元素の新規用途開発に対する支援を行う必要がある。具体的には，「元素戦略プロジェクト」や「希少金属代替材料開発プロジェクト」と同様の政府主導の取組として，ランタン及びセリウム等の新規用途開発を目的とする材料開発プロジェクトを実施することが考えられる。

なお，新規用途開発への支援は，レアアース元素の需給バランスの調整に資するだけでなく，日本の優れたレアアース応用技術のさらなる向上を図る上でも重要な役割を果たすと考えられる。

「脱レアアース」の必要性が過度に強調されれば，レアアース応用技術の開発に対する日本の企業及び研究機関の意欲は低下し，中長期的には日本のレアアース産業の衰退を招くおそれがある。日本政府による新規用途開発への支援は，日本の企業及び研究機関がレアアース応用技術の開発に継続的に取り組むことができる環境の創出に寄与すると考えられる。

上記②は，軽希土類に富む鉱山を対象とする開発・生産プロジェクトの乱立を防ぎ，中国南部のイオン吸着鉱に代わる有力な重希土類の供給源を開拓することを目指す対策である。

既に述べたように，軽希土類の供給量は今後大幅に増加すると見込まれる一方で，重希土類の有力な供給源は，依然として中国南部のイオン吸着鉱に集中している。この状況を踏まえれば，レアアース各元素の需給バランスの悪化に歯止めをかけるためには，今後新たに実施されるレアアースの開発・生産プロジェクトの対象を，重希土類を比較的豊富に産出する鉱山に絞る必要がある。

そのために日本政府がとりうる手段は，主に次の2つである。第一は，JOGMEC，JBIC，NEXI等による支援の対象を，今後新たに実施されるレアアースの開発・生産プロジェクトについては，重希土類を比較的豊富に産出する鉱山におけるプロジェクトに限定することである。このような支援対象の限定を通じ，プロジェクトに関与する（あるいは関与を検討中の）日本企業の意思決定に影響を与えることができる。

第二は，関係主要国（レアアース資源保有国及び主要消費国）の政策当局間

で，軽希土類に富む鉱山を対象とする開発・生産プロジェクトの乱立を防ぐことの重要性について認識を共有することである。

日本の上記機関による支援対象の限定は，日本企業の意思決定に影響を与える。しかし，世界各地において実施される開発・生産プロジェクトの全てに日本企業が参加するわけではない。軽希土類に富む鉱山を対象とする開発・生産プロジェクトの乱立を防ぐためには，関係主要国による政策協調が必要になる。認識の共有に向けた議論は，例えば，日米欧のレアアース分野の政策担当者等が参加する「レアアース安定供給確保のための日米欧三極によるワークショップ」において行うことができると考える。このほかにも，様々な二国間・多国間の対話の枠組を活用することが可能である。

上記③及び④については，日本政府はこれまでにも，重希土類を対象とした様々なリサイクル及び代替材料開発・使用量低減技術開発に関する取組を実施してきた。その内容は前節に述べたとおりである。

他方で，日本政府によるレアアースのリサイクル及び代替材料開発・使用量低減技術開発に関する取組の中には，比較的資源量の豊富な元素を対象とするものが含まれている。研磨剤に含まれるランタン及びセリウムのリサイクルに関する技術開発(「希土類金属等回収技術研究開発事業」)や，セリウムを対象とする使用量低減技術開発(「希少金属代替材料開発プロジェクト」)がその例である[203-204]。

これらの元素については，中国による輸出規制の強化に伴い，日本国内の需要を満たすために十分な数量を中国から調達することができなくなり，日本国内における供給不安が高まった時期があった。これは，輸出数量枠が大幅に削減される中で，相対的に単価の高い品目のために輸出数量枠が消費され，単価の低いランタン及びセリウムの輸出が後回しにされたためである[205-207]。

しかし，その後の中国以外の地域における開発・生産プロジェクトの進展や，リサイクル及び使用量低減に関する取組の進展等により，現在ではこれらの元素に関する日本国内の供給不安は非常に小さくなったとみられる。

本来，ランタンやセリウムのように資源量が豊富で，供給過剰が発生しやすい元素については，リサイクル及び代替材料開発・使用量低減技術開発よりも，むしろ海外からの原料の調達に力を注ぐべきである。そして，レアアース各元素の需給バランスを調整するためには，リサイクル及び代替材料

開発・使用量低減技術開発の対象を，資源量が少ない割に需要の多い元素に絞る必要がある。具体的には，重希土類のテルビウムやジスプロシウム等がそのような元素に該当すると考えられる。

2）レアアース応用技術の優位性の確保

　日本企業は，その優れたレアアース応用技術を活用し，自動車や電気電子機器をはじめとする各種製品に高い機能や付加価値を与えることに成功している。例えば，日本の磁石メーカーは，非常に強い磁力と高い耐熱性を併せ持つ世界最高水準のネオジム磁石を生産する技術を持つ。そして，日本の自動車メーカーや家電メーカー等のセットメーカーは，日本の磁石メーカーが生産したネオジム磁石を部品として使用することにより，製品の小型化・軽量化，あるいはエネルギー効率性の向上等を実現している。

　日本の製造業の国際競争力は，日本のレアアース関連企業（殊にレアアースを原料とする部品・材料の生産に携わる部材メーカー）が培ってきた高度なレアアース応用技術によって支えられている。

　しかし，レアアース応用技術に関する日本の研究開発能力は，他国との比較において相対的に低下する傾向にあるとみられる。その一つの表れであると考えられるのが，レアアース分野における論文発表件数に関して，日本の発表件数の世界全体に占める割合が近年大幅に低下していることである。

　図4-2に，レアアースに関する論文発表件数の国別割合の推移（1990～2012年）を示す。この図の作成手順は次のとおりである。まず，"rare earth*"を検索語として，Thomson Reuters社のデータベース（Science Citation Index Expanded）から，この検索語を含む論文を抽出した。上記データベースには，自然科学分野

図4-2　レアアースに関する論文発表件数の国別割合の推移

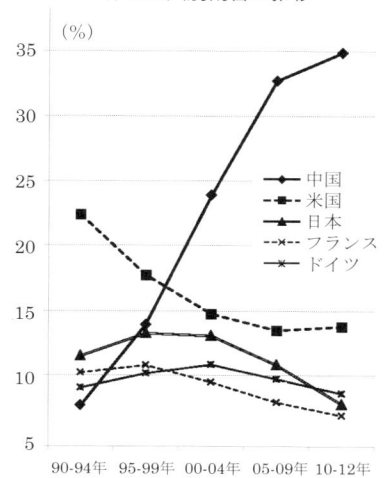

（出典）Thomson Reutersのデータベース（Science Citation Index Expanded）より作成。

の8,500以上の学術雑誌に1900年以降に掲載された論文が収録されている。収録の対象となる学術雑誌は，主に英語で書かれた一定水準以上の学術雑誌である[208-210]。

　上記検索の結果，"rare earth*"を含む論文として，70,155件の論文を抽出した。このうち，1990～1994年，1995～1999年，2000～2004年，2005～2009年，2010～2012年の各期間に発表された論文数は，それぞれ6,502件，9,634件，12,820件，16,849件，11,227件であった。

　次に，上記の各期間について，国別の論文発表件数と，その世界全体に占める割合を調査した。調査の対象とした国は，中国，米国，日本，フランス，ドイツの5カ国である。これらの国々は，"rare earth*"を含む論文の通算発表件数（1900～2012年）における上位5カ国である（中国が第1位，米国が第2位，日本が第3位，フランスが第4位，ドイツが第5位）。以上の手順により，"rare earth*"を含む論文発表件数の国別割合を算出し，その推移を示した。

　この図において明確に示されているのは，中国の割合の大幅な上昇である。また，日本の割合が2000～2004年以降に大幅に低下していることも目立つ。

　中国の割合は，1990～1994年の約7.6%から，2010～2012年には約34.9%に上昇した。これに対し日本の割合は，1995～1999年の約13.3%を頂点として，その後は低下し，2010～2012年には約7.8%となった。2010～2012年の国別割合では，日本はドイツに抜かれて世界第4位となった。

　米国の割合は，1990～1994年から2000～2004年にかけて大幅に低下したが，その後は14%前後で安定する傾向にある。フランス，ドイツの割合はともに低下する傾向にあるが，日本ほど顕著な低下ではない。

　図4-3には，レアアース分野の中でも，特にレアアース磁石に関する論文発表件数の国別割合の推移（1990～2012年）を示す。この図の作成手順は，検索語を"rare earth* magnet*"としたこと以外は，図4-2の作成手順と同じである。

　検索の結果，"rare earth* magnet*"を含む論文として，15,074件の論文を抽出した。このうち，1990～1994年，1995～1999年，2000～2004年，2005～2009年，2010～2012年の各期間に発表された論文数は，それぞれ1,756件，2,676件，3,263件，3,654件，2,209件であった。その上で，上記の各期間について，図4-2と同じ5カ国の論文発表件数と，その世界全体に

占める割合を調査し，割合の推移を示した。

この図にも，中国の割合が大幅に上昇していることと，日本の割合が2000～2004年以降に大幅に低下していることが示されている。

中国の割合は，1990～1994年の約6.6％から，2010～2012年には約23.4％に上昇した。日本の割合は，2000～2004年の約15.2％を頂点として，その後は低下し，2010～2012年には約10.1％となった。2010～2012年の国別割合では，日本はドイツに抜かれて世界第4位となった。

図4-3　レアアース磁石に関する論文発表件数の国別割合の推移

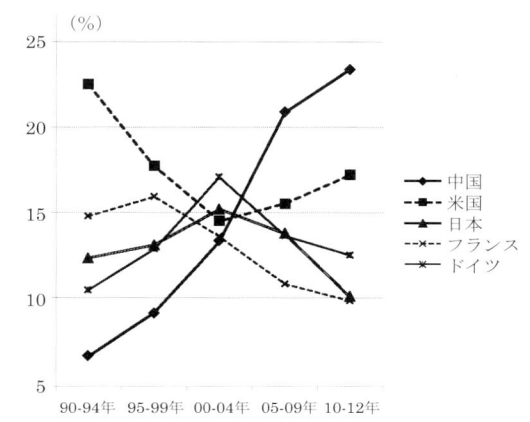

(出典) Thomson Reutersのデータベース（Science Citation Index Expanded）より作成。

米国の割合は，1990～1994年から2000～2004年にかけて大幅に低下したが，その後は上昇に転じている。フランス，ドイツの割合はともに低下傾向にある。ただし，2000～2004年以降の低下幅が最も大きいのは日本である。

以上の調査結果から，レアアース分野における論文発表件数に関し，世界全体に占める中国の割合が大幅に上昇し，現在では2位以下の国に大きな差をつけて首位に立っていることが明らかになった。また，特に2000～2004年以降，日本の割合の低下が顕著であることも明らかになった。

本調査において抽出した論文の中には，レアアース応用技術に必ずしも関係のない論文が含まれていると考えられる（例えば地質学関連の論文。ただし，検索語"rare earth* magnet*"により抽出した論文のほとんどは，レアアース応用技術に関係があるとみられる）。また，論文発表件数の多さは，必ずしも質の高い論文が数多く発表されていることを意味しない。さらに，論文の形で発表された研究成果が実際の工業生産活動に活用されるようになるまでには，ある程度の期間を要すると考えられる。

しかし，これらの要素を差し引いたとしても，レアアース応用技術に関す

る日本の研究開発能力が，他国との比較において相対的に低下する傾向にあることを否定するのは難しいと考えられる。この傾向が今後も続けば，現時点では日本企業のレアアース応用技術が他国企業の技術に比べて優れているとしても，その優位性は早晩失われる可能性が高い。

レアアース応用技術の水準は，自動車や電気電子機器をはじめとする各種製品の機能を大きく左右し，それらの製品の生産に携わる企業の国際競争力にも大きな影響を及ぼす。この点を踏まえれば，今後の日本のレアアース対策は，レアアース原料の安定的な確保のみならず，レアアース応用技術の優位性の確保にも力を注がなければならない。具体的には，以下の3つの取組が必要になると考える。

第一は，レアアースの新規用途開発への支援である。新規用途開発への支援は，レアアース各元素の需給バランスの改善に資するだけでなく，日本の企業及び研究機関のレアアース応用技術に関する研究開発意欲を高めると考えられる。レアアース応用技術の優位性を確保するためには，日本の企業及び研究機関がこの分野における研究開発に継続的に取り組むことができる環境が必要であり，新規用途開発への支援はそのような環境作りに寄与すると考えられる。

第二は，レアアース応用技術に関する国内研究開発拠点の強化である。この点については，国内立地支援策の一環として，企業等による研究開発関連設備の導入を支援するという方法が考えられる。レアアースを原料とする製品・部品の生産に携わる企業等に対する日本政府の国内立地支援は，従来は主にレアアースのリサイクルや使用量低減に資する設備の導入を対象として実施されてきた[211-212]。今後は，リサイクルや使用量低減に限らず，レアアース応用技術に関する研究開発や，研究開発成果の実用化に必要とされる設備の導入についても，幅広く支援対象に含めることが有益であると考える。

第三は，日本企業が保有する優れたレアアース応用技術の流出防止である。技術流出の問題は，レアアース分野に限らず，高度な技術力を持つ日本の製造業が共通して抱える問題であり，これを完全に防止することは難しい。ただし，「外国為替及び外国貿易法」の枠組においては，安全保障上の理由により輸出規制の対象とする必要のある貨物（製品やその製造装置等）及び技術（ノウハウを含む）を指定することができる。指定対象の貨物を輸出し，技術を提供するためには，事前に経済産業大臣の許可を受けなければならない。レア

アース応用技術のうち，安全保障分野と関係があるものについては，同法の枠組を活用して海外への流出防止を図ることが可能である。

　以上の2点（レアアース各元素の需給バランスの調整，レアアース応用技術の優位性の確保）が，今後日本がさらなるレアアース対策を実施するにあたり，特に重点的に取り組むべき課題である。
　日本政府によるこれまでのレアアース対策は，調達先の多角化と需要の抑制の2点に重点が置かれていた。すなわち，「脱中国」と「脱レアアース」が，日本のレアアース対策における2つの大きなテーマであったといえる。
　たしかに，レアアースの安定的な確保を実現する上で，極端な中国依存からの脱却を図ることは必要である。また，レアアースの供給が仮に滞ったとしても，日本国内における高度な製品・部品の生産継続が可能になるように，レアアースのみに頼らない生産技術を確立することも重要である。
　しかし，その一方で，「脱中国」と「脱レアアース」の必要性ばかりが強調され，それ以外の部分に目が届かなくなるのは危険である。
　「脱中国」に向けた取組は必要であるが，それはレアアース各元素の需給バランスの調整と並行して実施する必要がある。需給バランスに配慮せずに，闇雲にレアアースの開発・生産プロジェクトを進めれば，結局のところは一部の元素の大幅な供給過剰の発生と，価格競争力に劣る中国以外の地域におけるプロジェクトの業績悪化を招き，調達先の多角化という本来の目的を十分に実現することができなくなるおそれがある。
　また，「脱レアアース」に向けた取組も必要であるが，それはレアアース応用技術のさらなる発展の追求と並行して進める必要がある。日本企業が保有する高度なレアアース応用技術は，高い機能や付加価値を持つ数多くの製品・部品を生み出し，日本の各種製造業の国際競争力を支えてきた。「脱レアアース」の過度の強調により，日本の企業及び研究機関のレアアース応用技術開発に対する意欲を低下させてしまうのではなく，日本の強みであるレアアース応用技術のさらなる発展を支援しつつ，その他の原料の活用に向けた技術開発等にも取り組むことが必要である。
　日本政府によるこれまでの積極的なレアアース対策により，「脱中国」と「脱レアアース」については一定の成果が得られている。今後は，これらの2点に加え，本節に述べた2つの課題への対応に力を注ぐことが必要であると

考える。

(1) "資源確保を巡る最近の動向". 総合資源エネルギー調査会鉱業分科会・石油分科会合同分科会第1回. 2010-12-07. 20P. http://www.meti.go.jp/committee/sougouenergy/kougyou/bunkakai_goudou/001_02_01.pdf, (参照 2011-12-01).
(2) 経済産業省. "経済産業大臣記者会見概要(平成22年度)". http://www.meti.go.jp/speeches/daijin_h22.html, (参照 2013-02-06).
(3) レアメタルニュース. アルム出版社, 2010, no. 2466, p. 1.
(4) "資源確保を巡る最近の動向".
(5) 経済産業省. "新・国家エネルギー戦略(要約版)". 2006, 30P. http://www.enecho.meti.go.jp/topics/energy-strategy/senryaku-youyaku.pdf, (参照 2012-09-13).
(6) 経済産業省. ""資源戦略研究会報告書"の公表について：＜非鉄金属資源の安定供給確保に向けた戦略＞". 金属資源レポート. JOGMEC, 2006, vol. 36, no. 2, pp. 161-175. http://mric.jogmec.go.jp/public/kogyojoho/2006-07/MRv36n2-20.pdf, (参照2011-11-22).
(7) Ibid.
(8) Ibid.
(9) Ibid.
(10) 「資源戦略研究会報告書」は，レアアースを含む10種類のレアメタルについて「鉱種別の政策課題」を示した。
(11) 総合資源エネルギー調査会鉱業分科会レアメタル対策部会. "今後のレアメタルの安定供給対策について". 2007, 43P. http://www.meti.go.jp/committee/materials/downloadfiles/g70125ej.pdf, (参照 2012-09-19).
(12) Ibid.
(13) Ibid.
(14) Ibid.
(15) レアメタル対策部会報告書は，レアアースを含む17種類のレアメタルについて「鉱種毎の課題」を示した。
(16) "資源確保指針". 2008, 3P. http://warp.ndl.go.jp/info:ndljp/pid/286890/www.meti.go.jp/press/20080328001/02_sisin_set.pdf, (参照 2012-09-19).
(17) Ibid.
(18) Ibid.
(19) Ibid.
(20) Ibid.
(21) "新経済成長戦略：フォローアップと改訂". 2008, 133P. http://warp.ndl.go.jp/info:ndljp/pid/286890/www.meti.go.jp/press/20080919003/200809190

03-4.pdf,（参照 2013-03-04）．
(22) 経済産業省．"レアメタル確保戦略"．2009, 37P. http://www.meti.go.jp/press/20090728004/20090728004-3.pdf,（参照 2012-09-18）．
(23) 経済産業省資源エネルギー庁鉱物資源課．"レアメタル確保戦略の概要"．2009, 7P. http://www.meti.go.jp/press/20090728004/20090728004-2.pdf,（参照 2012-09-20）．
(24) 経済産業省．"レアメタル確保戦略"．
(25) Ibid.
(26) Ibid.
(27) 経済産業省資源エネルギー庁鉱物資源課．"レアメタル確保戦略の概要"．
(28) 加藤泰浩．太平洋のレアアース泥が日本を救う．PHP研究所，2012, pp. 85-86.
(29) 経済産業省．"レアメタル確保戦略"．
(30) 経済産業省資源エネルギー庁鉱物資源課．"レアメタル確保戦略の概要"．
(31) 「エネルギー政策基本法」により，「エネルギー基本計画」は少なくとも3年ごとに検討を加え，必要に応じて改定することが定められている。下記注(32)参照。
(32) "エネルギー基本計画"．2010, 65P. http://www.meti.go.jp/committee/summary/0004657/energy.pdf,（参照 2012-09-21）．
(33) 経済産業省資源エネルギー庁．"エネルギー基本計画について"．http://www.enecho.meti.go.jp/topics/kihonkeikaku/new_index.htm,（参照 2013-03-05）．
(34) Ibid.
(35) 「エネルギー基本計画」第二次改定版における「自給率」の定義は次のとおりである。上記注(33)参照。
> 基本的には，国内の金属需要（地金製錬量）に占める，我が国企業の権益下にある輸入鉱石から得られる地金量に国内スクラップから得られるリサイクル地金量を加えたもの。鉱種により海外に我が国企業の権益下にある製錬所がある場合についてはそうした供給源からの輸入地金等も含む。

(36) 経済産業省資源エネルギー庁．"エネルギー基本計画について"．
(37) Ibid.
(38) "資源確保を巡る最近の動向"．
(39) Ibid.
(40) 経済産業省．"平成24年度経済産業省関連予算の概要"．2012, 28P. http://www.meti.go.jp/main/yosan2012/120419_keisanshoyosan2.pdf,（参照 2013-06-18）．
(41) 経済産業省．"平成24年度資源・エネルギー関連予算等の概要"．2012, 17P. http://www.meti.go.jp/main/yosan2012/120419energy_2.pdf,（参照 2013-

06-18）．
(42)　"資源確保戦略". 2012, 30P. http://www.enecho.meti.go.jp/policy/shinenseisaku2.pdf,（参照 2012-09-13）．
(43)　経済産業省資源エネルギー庁．"資源確保戦略について". http://www.enecho.meti.go.jp/policy/shinenseisaku.htm,（参照 2012-09-13）．
(44)　"資源確保戦略（概要）". 2012, 4P. http://www.enecho.meti.go.jp/policy/shinenseisaku1.pdf,（参照 2012-09-13）．
(45)　"資源確保戦略".
(46)　Ibid.
(47)　「戦略的鉱物資源」として特定された鉱種は，アンチモン，インジウム，ガリウム，グラファイト，クロム，ゲルマニウム，コバルト，シリコン，ジルコニウム，ストロンチウム，タングステン，タンタル，チタン，ニオブ，ニッケル，バナジウム，白金族，フッ素，マグネシウム，マンガン，モリブデン，リチウム，レアアース，レニウム，鉄，アルミニウム，銅，鉛，亜鉛，すず，の30鉱種．下記注(48)参照．
(48)　"資源確保戦略".
(49)　U.S. Geological Survey. *Mineral Commodity Summaries 2011*. Reston, 2011, p. 129. http://minerals.usgs.gov/minerals/pubs/mcs/2011/mcs2011.pdf,（accessed 2011-12-01）．
(50)　レアメタルニュース．アルム出版社，2011, no. 2472, p. 1.
(51)　レアメタルニュース．アルム出版社，2012, no. 2520, p. 10.
(52)　"資源確保を巡る最近の動向".
(53)　レアメタルニュース．アルム出版社，2011, no. 2481, p. 2.
(54)　レアメタルニュース．アルム出版社，2011, no. 2507, p. 1.
(55)　レアメタルニュース．アルム出版社，2012, no. 2524, p. 3.
(56)　経済産業省．"レアメタル確保戦略".
(57)　経済産業省．"レアメタル等の確保に向けた取組の全体像". 産業構造審議会環境部会廃棄物・リサイクル小委員会(第18回)，中央環境審議会廃棄物・リサイクル部会小型電気電子機器リサイクル制度及び使用済製品中の有用金属の再生利用に関する小委員会使用済製品中の有用金属の再生利用に関するワーキンググループ(第3回)合同会合．2011-12-19. 8P. http://www.meti.go.jp/committee/summary/0003198/018_03_00.pdf,（参照 2012-09-29）．
(58)　西川信康．"JOGMEC金融支援事業の最近の成果について". 金属資源レポート．JOGMEC, 2012, vol.42, no.3, pp. 221-236. http://mric.jogmec.go.jp/public/kogyojoho/2012-09/MRv42n3-02.pdf,（参照2012-11-02）．
(59)　Ibid.
(60)　正確には，日本法人又は日本法人が出資しその経営を実質的に支配している外国法人が支援対象となる．債務保証制度，資産買収出資制度についても同

(61) JOGMEC. "JOGMECの活動：出融資・債務保証（金属資源）". http://www.jogmec.go.jp/jogmec_activities/financial_metal/index.html,（参照2013-01-08）.
(62) 支援の対象となる鉱種は，ベースメタル等（銅，鉛，亜鉛，金，ボーキサイト，すず，鉄）及びレアメタル等（マンガン，ニッケル，クロム，タングステン，モリブデン，コバルト，ニオブ，タンタル，アンチモン，リチウム，ボロン，チタン，バナジウム，ストロンチウム，レアアース，白金族，ベリリウム，ガリウム，ゲルマニウム，セレン，ルビジウム，ジルコニウム，インジウム，テルル，セシウム，バリウム，ハフニウム，レニウム，タリウム，ビスマス，ウラン）。債務保証制度，資産買収出資制度についても同じ。上記注(58),(61)参照。
(63) JOGMECによる出資比率は，原則的には所要資金の50％以内（ただし，JOGMECが単独で筆頭株主とならない範囲）。融資比率は所要資金の70％以内（ベースメタル等の場合）又は80％以内（レアメタル等の場合）。上記注(58),(61)参照。
(64) JOGMECによる債務保証比率は，各金融機関別債務の80％以内（ベースメタル等の場合）又は90％以内（レアメタル等の場合）。上記注(58),(61)参照。
(65) 資産買収出資制度に基づくJOGMECによる出資比率の上限は，原則的には所要資金の30％程度（ただし，プロジェクトの政策的重要性によっては，それ以上の出資も可能）。上記注(58),(61)参照。
(66) 本文に述べた支援制度のほかに，JOGMECは初期段階の探査活動向けの支援を行っている。具体的には，海外において外国企業等と共同で地質構造調査を行う日本企業に対して，JOGMECが所要資金の一部（日本企業が負担する調査費の最大50％）を助成金として交付する制度や，JOGMEC自身が単独又は海外の国営公社・企業等と共同で調査を行い，その成果を日本企業に引き継ぐ制度等がある。下記注(67)参照。
(67) JOGMEC. "JOGMECの活動：地質構造調査（金属資源）". http://www.jogmec.go.jp/jogmec_activities/field_surveys_metal/index.html,（参照2013-01-09）.
(68) 西川信康. "金融支援事業の最近の成果". 平成24年度第5回金属資源関連成果発表会. 2012-07-27, JOGMEC. http://mric.jogmec.go.jp/kouenkai_index/2012/briefing_120727_3.pdf,（参照 2012-11-02）.
(69) 高橋継世，西川信康. "JOGMECによる金融支援事業の成果について－海外探鉱投融資・開発資金債務保証・資産買収出資の活用－". 金属資源レポート. JOGMEC, 2011, vol.41, no.3, pp. 185-199. http://mric.jogmec.go.jp/public/kogyojoho/2011-10/MRv41n3-01.pdf,（参照 2012-04-02）.
(70) 国際協力銀行. "資源金融". http://www.jbic.go.jp/ja/finance/resource/index.html,（参照 2013-01-07）.
(71) 経済産業省貿易経済協力局貿易保険課. "貿易保険を通じた政策実現". http://

www.meti.go.jp/policy/external_economy/toshi/trade_insurance/seisaku/energy-and-environment.html, (参照 2013-01-07).

(72) 日本貿易保険. "海外投資保険：資源エネルギー総合保険". http://nexi.go.jp/product/investment/energy/, (参照 2013-01-07).

(73) 資源エネルギー総合保険は2007年4月に創設された。従来の保険商品よりも大幅に低い料率と幅広いリスクの填補範囲を実現するものである。下記注(74), (75), (76)参照。

(74) 経済産業省貿易経済協力局貿易保険課. "貿易保険を通じた政策実現".

(75) 日本貿易保険. "海外投資保険：資源エネルギー総合保険".

(76) 日本貿易保険. "貿易保険とは". http://nexi.go.jp/about/, (参照 2013-01-10).

(77) 山路法宏. "カントリーリスク及びプロジェクトリスク軽減のためのJOGMEC活用法～資源外交からインフラ整備支援まで～". 平成23年度第4回金属資源関連成果発表会. 2011-07-28, JOGMEC. http://mric.jogmec.go.jp/kouenkai_index/2011/briefing_110728_1.pdf, (参照 2012-11-21).

(78) Ibid.

(79) レアアースの開発・生産プロジェクトへの日本企業の参加を後押しするために，日本政府はベトナム，インド，カザフスタンの各政府に対して首脳級・閣僚級を含むハイレベルの資源外交を展開した。その内容は表4-1に示すとおり。これらの3カ国のいずれにおいても，その国の政府系企業がレアアースの開発・生産プロジェクトに対する出資を行っている。下記注(80), (81), (82), (83), (84), (85)参照。

(80) 外務省. "第1回日・インド閣僚級経済対話(概要)". 2012-04-30. http://www.mofa.go.jp/mofaj/kaidan/g_gemba/120428/india_kakuryou.html, (参照 2013-01-11).

(81) 経済産業省. "レアメタル確保戦略参考資料集". 2009. http://www.meti.go.jp/committee/summary/0002319/g90728e04j.pdf, (参照 2012-09-18).

(82) 経済産業省資源エネルギー庁鉱物資源課. "インドとのレアアース協力に係る政府間の覚書に署名しました". 2012-11-16. http://www.meti.go.jp/press/2012/11/20121116007/20121116007.pdf, (参照 2013-01-11).

(83) JOGMEC. "JOGMEC，カザフスタンのレアアース回収事業の推進に向けたMOUに調印". 2009-10-23. http://www.jogmec.go.jp/news/release/docs/2009/pressrelease_091023_01.pdf, (参照 2013-01-11).

(84) "資源確保戦略(概要)".

(85) "資源確保を巡る最近の動向".

(86) 廣川満哉. "資源ナショナリズムの現状と資源開発". 平成23年度第12回金属資源関連成果発表会. 2012-03-26, JOGMEC. http://mric.jogmec.go.jp/kouenkai_index/2012/briefing_120326_3.pdf, (参照 2013-01-09).

(87) 山路．"カントリーリスク及びプロジェクトリスク軽減のためのJOGMEC活用法〜資源外交からインフラ整備支援まで〜".
(88) Ibid.
(89) 外務省．"第１回日・インド閣僚級経済対話(概要)".
(90) 経済産業省．"レアメタル確保戦略参考資料集".
(91) 経済産業省資源エネルギー庁鉱物資源課．"インドとのレアアース協力に係る政府間の覚書に署名しました".
(92) JOGMEC．"JOGMEC，カザフスタンのレアアース回収事業の推進に向けたMOUに調印".
(93) "資源確保戦略(概要)".
(94) "資源確保を巡る最近の動向".
(95) 2012年11月12日の衆議院予算委員会における発言。下記注(96)参照。
(96) "中国以外から５割確保へ＝レアアース調達で─枝野経産相"．時事ドットコム．2011-11-12. http://www.jiji.com/jc/zc?key=%c3%e6%b9%f1%b0%ca%b3%b0%a4%ab%a4%e95%b3%e4%a1%a1%a5%ec%a5%a2%a5%a2%a1%bc%a5%b9&k=201211/2012111200334,（参照 2012-11-28）．
(97) 山路．"カントリーリスク及びプロジェクトリスク軽減のためのJOGMEC活用法〜資源外交からインフラ整備支援まで〜".
(98) JOGMEC金属企画調査部．"鉱山等周辺インフラF/S調査制度について"．金属資源レポート．JOGMEC, 2010, vol. 40, no. 1, pp. 9-12. http://mric.jogmec.go.jp/public/kogyojoho/2010-05/MRv40n1-02.pdf,（参照2013-03-13）．
(99) 一戸孝之．"レアメタル高度分離製錬技術事業〜成果例：レアアース研究・技術協力センター設立〜"．平成24年度第６回金属資源関連成果発表会．2012-09-06, JOGMEC. http://mric.jogmec.go.jp/kouenkai_index/2012/briefing_120906_6.pdf,（参照 2013-01-16）．
(100) 経済産業省資源エネルギー庁鉱物資源課．"平成23年度３次補正「持続的資源開発推進対策事業」に係る企画競争募集要領"．2012-02-17. http://www.enecho.meti.go.jp/info/tender/tenddata/1202/120217d/1.pdf,（参照 2013-01-16）．
(101) Kato, Yasuhiro; Fujinaga, Koichiro; Nakamura, Kentaro; Takaya, Yutaro; Kitamura, Kenichi; Ohta, Junichiro; Toda, Ryuichi; Nakashima, Takuya; Iwamori, Hikaru. Deep-sea mud in the Pacific Ocean as a potential resource for rare-earth elements. *Nature Geoscience*. 2011, vol.4, p. 535-539. http://www.nature.com/ngeo/journal/v4/n8/full/ngeo1185.html,（参照 2013-02-05）．
(102) "全く新しいタイプのレアアースの大鉱床を太平洋で発見"．東京大学大学院工学系研究科．2011-07-04. http://www.t.u-tokyo.ac.jp/tpage/release/2011/070401.html,（参照 2013-02-05）．
(103) 経済産業省．"平成25年度概算要求について"．2012-09-07, 40P. http://

(104) 物質・材料研究機構(NIMS)は2008年に，日本国内の「都市鉱山」には30万トンのレアアースが存在するという内容の試算結果を発表した。この値は，日本国内に存在するレアアースの総量の推定値である。下記注(105)参照。

(105) 物質・材料研究機構."わが国の都市鉱山は世界有数の資源国に匹敵－わが国に蓄積された都市鉱山の規模を計算－". 2008-01-11. http://www.nims.go.jp/news/press/2008/01/200801110/p200801110.pdf, (参照 2012-12-10).

(106) 「都市鉱山」は，1980年代に東北大学の南條道夫教授らによって提唱された概念である。同教授の論文は，「地上に蓄積された工業製品を再生可能な資源と見做し，その蓄積された場所を都市鉱山(urban mine)と名付けた」上で，天然の鉱山と比較した場合の都市鉱山の特徴や，都市鉱山を活用することのメリット等を論じている。下記注(107)参照。

(107) 南條道夫. 都市鉱山開発－包括的資源観によるリサイクルシステムの位置づけ. 東北大學選鑛製錬研究所彙報. 1988, vol. 43, no. 2, pp. 239-251. http://ci.nii.ac.jp/els/110000202896.pdf?id=ART0000575412&type=pdf&lang=jp&host=cinii&order_no=&ppv_type=0&lang_sw=&no=1363237990&cp=, (参照 2012-12-10).

(108) ネオジム磁石の製造工程においては，投入される原料(ネオジム，鉄，ボロン，ジスプロシウム等の合金)の約3分の1が研磨くずや切削くずとなる。これらの「工程くず」は，磁石用合金を生産する企業に引き取られた上でリサイクルされる。下記注(109),(110),(111)参照。

(109) "中間とりまとめ". 産業構造審議会環境部会廃棄物・リサイクル小委員会，中央環境審議会廃棄物・リサイクル部会小型電気電子機器リサイクル制度及び使用済製品中の有用金属の再生利用に関する小委員会使用済製品中の有用金属の再生利用に関するワーキンググループ合同会合. 2012, 71P. http://www.meti.go.jp/committee/summary/0003198/report_01.html, (参照 2012-12-07).

(110) 竹下健二，尾形剛志. "希土類元素の特性と需給およびリサイクルの動向". 貴金属・レアメタルのリサイクル技術集成：材料別技術事例・安定供給に向けた取り組み・代替材料開発. エヌ・ティー・エス, 2007, pp. 443-464.

(111) JOGMEC. 鉱物資源マテリアルフロー 2010. 2011, p. 400.

(112) 使用済製品を回収する枠組が存在しない製品の例として，小型電子機器(デジタルカメラ等)が挙げられる。使用済の小型電子機器は，その大半が一般廃棄物として自治体により埋立・焼却処理される。また，回収の枠組自体は存在するものの回収率が低い製品の例として，パソコン及び携帯電話が挙げられる。使用済のパソコンについては，資源有効利用促進法に基づく回収の枠組が存在するが，その回収率は約10％である。使用済の携帯電話については，事業者の自主的な取組による回収の枠組が存在するが，その回収率は約37％であ

る。下記注(113)参照。
(113) "中間とりまとめ".
(114) 環境省. "使用済小型電子機器等の再資源化の促進に関する法律案の閣議決定について(お知らせ)". 2012-03-09. http://www.env.go.jp/press/press.php?serial=14945, (参照 2012-12-13).
(115) 環境省, 経済産業省. "使用済小型家電からのレアメタルの回収及び適正処理に関する研究会とりまとめ". 2011, 93P. http://www.env.go.jp/recycle/recycling/raremetals/conf_ruca/h22/h22_main.pdf, (参照 2012-12-13).
(116) Ibid.
(117) Ibid.
(118) Ibid.
(119) "小型電子機器等リサイクル制度について". 産業構造審議会環境部会廃棄物・リサイクル小委員会(第24回), 中央環境審議会廃棄物・リサイクル部会小型電気電子機器リサイクル制度及び使用済製品中の有用金属の再生利用に関する小委員会使用済製品中の有用金属の再生利用に関するワーキンググループ(第11回)合同会合. 2012-10-09. 11P. http://www.meti.go.jp/committee/summary/0003198/pdf/024_02_00.pdf, (参照 2012-12-13).
(120) "使用済小型電子機器等の再資源化の促進に関する法律". 産業構造審議会環境部会廃棄物・リサイクル小委員会(第24回), 中央環境審議会廃棄物・リサイクル部会小型電気電子機器リサイクル制度及び使用済製品中の有用金属の再生利用に関する小委員会使用済製品中の有用金属の再生利用に関するワーキンググループ(第11回)合同会合. 2012-10-09. http://www.meti.go.jp/committee/summary/0003198/pdf/024_02_01_01.pdf, http://www.meti.go.jp/committee/summary/0003198/pdf/024_02_01_02.pdf, (参照 2012-12-13).
(121) "小型電子機器等リサイクル制度について".
(122) Ibid.
(123) "使用済小型電子機器等の再資源化の促進に関する法律".
(124) この事業においては，本文に述べた技術開発のほかに，使用済超硬工具に含有されるタングステンを効率的にリサイクルするための技術開発が行われた。下記注(125)参照。
(125) 髙岡衛. "希少金属等高効率回収システム開発「廃超硬工具スクラップからのタングステン等回収技術開発，及び廃小型家電からのレアメタル回収技術開発」". 平成21年度第4回金属資源関連成果発表会. 2009-07-30, JOGMEC. http://mric.jogmec.go.jp/public/kouenkai/2009-07/briefing_090730_3.pdf, (参照 2012-12-13).
(126) 経済産業省産業技術環境局リサイクル推進課. "平成21年度新資源循環推進事業費補助金(都市資源循環推進事業－高性能磁石モータ等からのレアアー

スリサイクル技術開発)の交付先の公募結果について". 2009-08-26. http://www.meti.go.jp/information/data/c90826jj.html, (参照 2012-12-13).

(127) 日立製作所. "レアアース磁石のリサイクル技術の開発を開始". 2009-12-14. http://www.hitachi.co.jp/New/cnews/month/2009/12/1214a.pdf, (参照 2012-12-13).

(128) NEDO. "「使用済モーターからの高性能レアアース磁石リサイクル技術開発」に係る公募について". 2012-06-13. http://www.nedo.go.jp/koubo/EV2_100037.html, (参照 2012-12-13).

(129) 経済産業省. "使用済レアアース磁石のリサイクルに係る技術開発・実証を行う事業への助成が決定しました～希少金属代替材料開発プロジェクト (NEDO交付事業)～". 2012-08-21. http://www.meti.go.jp/press/2012/08/20120821002/20120821002.pdf, (参照 2012-12-12).

(130) 上田康治. "使用済小型家電からのレアメタルの回収及び適正処理について". 元素戦略／希少金属代替材料開発プロジェクト第3回合同シンポジウム. 2009-01-27, 元素戦略／希少金属代替材料開発合同戦略会議. http://www.jst.go.jp/keytech/event/20090127/pdf/kankyosho.pdf, (参照 2012-12-13).

(131) 環境省. "環境研究総合推進費平成25年度新規課題公募要領". 2012, 48P. http://www.env.go.jp/policy/kenkyu/suishin/koubo/pdf/2013kobo_yoryo.pdf, (参照 2012-12-17).

(132) "レアメタルの回収について". 使用済小型家電からのレアメタルの回収及び適正処理に関する研究会第5回. 2010-03-09. 15P. http://www.env.go.jp/recycle/recycling/raremetals/conf_ruca/05/mat03.pdf, (参照 2012-12-12).

(133) 目次英哉. "「金属リサイクル事情」シンポジウムの開催－レアメタルリサイクルの実現に向けたJOGMECの取り組み－". 金属資源レポート. JOGMEC, 2010, vol.40, no.1, pp. 13-21. http://mric.jogmec.go.jp/public/kogyojoho/2010-05/MRv40n1-03.pdf, (参照2012-11-18).

(134) 永井秀典. "希土類金属等回収技術研究開発". 平成24年度第6回金属資源関連成果発表会. 2012-09-06, JOGMEC. http://mric.jogmec.go.jp/kouenkai_index/2012/briefing_120906_4.pdf, (参照 2012-11-02).

(135) 経済産業省. "レアメタルリサイクルについて(産業構造審議会・中央環境審議会合同会合中間とりまとめについて)". 2012, 6P. http://www.meti.go.jp/committee/summary/0003198/pdf/report01_01_00.pdf, (参照 2012-12-06).

(136) "中間とりまとめ".

(137) Ibid.

(138) 経済産業省産業技術環境局リサイクル推進課. "平成24年度「産業技術実用化開発事業費補助金(資源循環実証事業)」に係る補助事業者募集要領". 2012, 25P. http://www.meti.go.jp/information/downloadfiles/c120814a01j.pdf, (参照 2012-12-13).

（139） "シンポジウムの開催趣旨". 第6回合同シンポジウム：元素戦略／希少金属代替材料開発. http://element.epl.jp/,（参照 2012-04-28）.
（140） 科学技術振興機構研究振興支援業務室. "「元素戦略プロジェクト」採択課題一覧". http://www.jst.go.jp/keytech/h19-5besshi1.html,（参照 2012-09-28）.
（141） 文部科学省. "希少元素を用いない革新的な代替材料の創製を行う「元素戦略プロジェクト」の採択拠点決定". 2012-06-29. http://www.mext.go.jp/b_menu/houdou/24/06/1323106.htm,（参照 2012-09-28）.
（142） 文部科学省. "元素戦略プロジェクト＜研究拠点形成型＞の概要". http://www.mext.go.jp/b_menu/houdou/24/06/__icsFiles/afieldfile/2012/06/29/1323106_1.pdf,（参照 2012-09-28）.
（143） 本文中の⑤は，ネオジム磁石を用いる高性能モーターに代わる次世代モーターの開発の一環として実施されるものである．ネオジム磁石を必要としない次世代モーターが実用化され，それが普及すれば，ネオジム磁石の原料となるレアアース元素の需要の削減につながる．下記注（144）参照．
（144） NEDO電子・材料・ナノテクノロジー部，新エネルギー部. "「希少金属代替材料開発プロジェクト」基本計画". P08023, 29P. http://www.nedo.go.jp/content/100084435.pdf,（参照 2012-04-28）.
（145） Ibid.
（146） 経済産業省製造産業局非鉄金属課，自動車課. "平成24年度「次世代自動車向け高効率モーター用磁性材料技術開発」に係る企画競争募集要領". 2012-05-29, 18P. http://www.meti.go.jp/information/downloadfiles/c120529b01j.pdf,（参照 2013-03-19）.
（147） 岩野宏，穂積篤. "希少金属の代替材料開発ロードマップの作成". 貴金属・レアメタルのリサイクル技術集成：材料別技術事例・安定供給に向けた取り組み・代替材料開発. エヌ・ティー・エス，2007, pp. 499-515.
（148） 経済産業省. "平成22年度「レアアース等利用産業等設備導入補助金（一次公募）」の採択事業の決定について". 2011-02-25. http://www.meti.go.jp/press/20110225001/20110225001-1.pdf,（参照 2012-10-02）.
（149） 経済産業省. "平成22年度「レアアース等利用産業等設備導入補助金（二次公募）」の採択事業の決定について". 2011-06-03. http://www.meti.go.jp/press/2011/06/20110603007/20110603007-1.pdf,（参照 2012-10-02）.
（150） 経済産業省製造産業局非鉄金属課. "平成22年度「レアアース等利用産業等設備導入補助金（三次公募）」の採択事業の決定について". 2011-09-20. http://www.meti.go.jp/information/data/c110920aj.html,（参照 2012-10-02）.
（151） 「レアアース等」には，レアアースのほか，各種レアメタルが含まれる．下記注（152）参照．
（152） 希少金属利用産業等高度化推進費補助金事務局. "平成22年度レアアー

ス等利用産業等設備導入事業公募要領". 2010, 21P. http://www.meti.go.jp/information/downloadfiles/c101222b01j.pdf,（参照 2012-10-02）.
(153) 経済産業省製造産業局非鉄金属課. "レアアース・レアメタル使用量削減・利用部品代替支援事業（平成23年度３次補正予算）". 2011, 19P. http://www.meti.go.jp/information/downloadfiles/c111206a02j.pdf,（参照 2012-09-29）.
(154) 経済産業省. "平成23年度「レアアース・レアメタル使用量削減・利用部品代替支援事業（一次公募）」の採択事業の決定について". 2012-02-08. http://www.meti.go.jp/press/2011/02/20120208003/20120208003-1.pdf,（参照 2012-10-03）.
(155) 経済産業省. "平成23年度「レアアース・レアメタル使用量削減・利用部品代替支援事業（二次公募）」の採択事業が決定しました". 2012-08-10. http://www.meti.go.jp/press/2012/08/20120810003/20120810003-1.pdf,（参照 2012-10-03）.
(156) 本事業における「実用化研究」及び「実証研究」の定義は，それぞれ次のとおりである．下記注(157)参照．
　　　・実用化研究：理論が確立され，産業用途が明確となっているものを，研究室・実験室レベルで技術開発を行うもの
　　　・実証研究：研究室・実験室レベルの研究で成果が得られたものを，実証プラント等を構築して研究を行うもの
(157) 希少金属使用量削減・代替技術開発設備整備等事業事務局. "平成23年度レアアース・レアメタル使用量削減・利用部品代替支援事業（一次公募）公募要領". 2011, 72P. http://www.meti.go.jp/information/downloadfiles/c111206a01j.pdf,（参照 2012-10-02）.
(158) Ibid.
(159) 経済産業省. "平成23年度「国内立地推進事業費補助金」の一次公募の採択結果について". 2012-02-03. http://www.meti.go.jp/press/2011/02/20120203001/20120203001-1.pdf,（参照 2012-10-03）.
(160) 経済産業省. "平成23年度第３次補正予算「国内立地推進事業費補助金」の二次公募採択事業が決定しました". 2012-07-10. http://www.meti.go.jp/press/2012/07/20120710001/20120710001-1.pdf,（参照 2012-10-03）.
(161) 「国内立地補助事業」の要件の詳細は以下のとおりである．下記注(162),(163)参照．
　　　　「サプライチェーンの中核分野となる代替が効かない部品・素材分野」については，以下の全ての項目を満たすことが求められた．
　　　・当該部品・素材分野における当該企業の国内シェアが10%以上，又は，取引先から分散化・複線化等の供給責任を果たすための投資を求められているもの
　　　・輸入代替性が低い部品・素材であること

第 4 章　日本のレアアース政策　175

　　　・補助対象部門の国内雇用を震災前と同水準で 4 年間維持すること
　　　「将来の雇用を支える高付加価値の成長分野」については，以下の全ての項目を満たすことが求められた。
　　　・高い成長性が見込まれる分野に関する製品又はその部材の製造に係る事業であること
　　　・思い切った投資により新たな市場創出・市場拡大につながる投資案件であること
　　　・国内の雇用を長期安定的により多く創出する事業であること
(162)　経済産業省経済産業政策局経済産業政策課．"国内立地補助事業について（平成23年度）"．2011, 24P. http://www.meti.go.jp/information/downloadfiles/c111128b06j.pdf,（参照 2012-10-03）．
(163)　国内立地推進事業事務局．"平成23年度国内立地推進事業費補助金公募要領"．2011, 89P. http://www.meti.go.jp/information/downloadfiles/c111128b01j.pdf,（参照 2012-10-03）．
(164)　レアメタル備蓄制度の創設当初は，ニッケル，クロム，タングステン，コバルト，モリブデン，マンガン，バナジウムの 7 鉱種が備蓄対象とされていた。その後，2009年にインジウム及びガリウムの 2 鉱種が備蓄対象に追加された。下記注(165)参照。
(165)　JOGMEC希少金属備蓄部．レアメタル備蓄データ集（総論）．2011, pp.39-42.
(166)　Ibid.
(167)　"特集，JOGMEC金属部門事業紹介：第 3 回：資源備蓄本部希少金属備蓄グループ"．金属資源レポート．JOGMEC, 2005, vol. 34, no. 6, pp. 817-822. http://mric.jogmec.go.jp/public/kogyojoho/2005-03/MRv34n6-01.pdf,（参照 2013-03-18）．
(168)　経済産業省．"レアメタル確保戦略"．
(169)　経済産業省製造産業局非鉄金属課．"レアアース・レアメタル使用量削減・利用部品代替支援事業（平成23年度 3 次補正予算）"．
(170)　Ibid.
(171)　外務省．"日中首脳会談（概要）"．2011-05-22. http://www.mofa.go.jp/mofaj/area/jck/summit2011/jc_gaiyo.html,（参照 2012-10-04）．
(172)　福士譲．"30分予定が 2 時間半：日中経産相会談の密度（APEC便り）"．日本経済新聞．2010-11-14. http://www.nikkei.com/article/DGXNASFS13035_T11C10A1000000/,（参照 2012-10-05）．
(173)　"温家宝首相，日本国際貿易促進協会代表団と会見"．新華網日本語版．2011-07-25. http://jp.xinhuanet.com/2011/07/25/c_131006843.htm,（参照 2012-10-05）．
(174)　"李克強副首相が日中経済協会訪中団と面会"．人民網日本語版．2011-09-

07. http://j.people.com.cn/94474/7590813.html,（参照 2012-10-05）.
（175）　外務省. "日中首脳会談（概要）". 2011-12-25. http://www.mofa.go.jp/mofaj/kaidan/s_noda/china_1112/pm_meeting_1112.html,（参照 2012-10-04）.
（176）　経済産業省製造産業局非鉄金属課. "レアアース・レアメタル使用量削減・利用部品代替支援事業（平成23年度3次補正予算）".
（177）　経済産業省通商政策局編. 不公正貿易報告書：WTO協定及び経済連携協定・投資協定から見た主要国の貿易政策. 2008年版, pp. 16-17, 20-22.
（178）　経済産業省製造産業局非鉄金属課, 資源エネルギー庁鉱物資源課. "日中レアアース交流会議の結果について". 総合資源エネルギー調査会鉱業分科会第9回. 2009-06-03, 2P. http://www.meti.go.jp/committee/materials2/downloadfiles/g90603a03j.pdf,（参照 2012-10-04）.
（179）　APECの正式名称は, Asia-Pacific Economic Cooperation（アジア太平洋経済協力）.
（180）　WTO. "China – Measures Related to the Exportation of Various Raw Materials." 2012-06-06. http://www.wto.org/english/tratop_e/dispu_e/cases_e/ds394_e.htm,（accessed 2013-01-08）.
（181）　WTO. "China – Measures Related to the Exportation of Rare Earths, Tungsten and Molybdenum." 2012-10-12. http://www.wto.org/english/tratop_e/dispu_e/cases_e/ds431_e.htm,（accessed 2013-01-08）.
（182）　G20ロスカボス・サミット首脳宣言の日本語訳（外務省による仮訳）については, 下記注（183）参照. なお, 同首脳宣言の英語原文については, 下記注（184）参照.
（183）　"G20ロスカボス・サミット首脳宣言". http://www.mofa.go.jp/mofaj/gaiko/g20/loscabos2012/declaration_j.html,（参照 2012-10-04）.
（184）　"G20 Leaders Declaration." 7th G20 Leaders' Summit, Los Cabos, 2012-06-18/19. 14P. http://www.mofa.go.jp/policy/economy/g20_summit/2012/pdfs/declaration_e.pdf,（accessed 2012-10-04）.
（185）　ウラジオストクで開催されたAPEC首脳会議における首脳宣言の日本語訳（外務省による仮訳）については, 下記注（186）参照. なお, 同首脳宣言の英語原文については, 下記注（187）参照.
（186）　"成長のための統合, 繁栄のための革新". http://www.mofa.go.jp/mofaj/gaiko/apec/2012/pdfs/aelm_declaration_jp.pdf,（参照 2012-10-04）.
（187）　"Integrate to Grow, Innovate to Prosper." 20th APEC Economic Leaders' Meeting, Vladivostok, 2012-09-08/09. http://www.mofa.go.jp/policy/economy/apec/2012/pdfs/aelm_declaration_en.pdf,（参照 2012-10-04）.
（188）　「レアアース安定供給確保のための日米欧三極によるワークショップ」の開催実績は, 2012年末時点のもの.
（189）　経済産業省. "レアアース安定供給確保のための日米欧三極によるワーク

ショップを開催します". 2011-10-04. http://www.meti.go.jp/press/2011/10/20111004001/20111004001.pdf, (参照 2012-10-03).
(190) 経済産業省. "レアアース安定供給確保のための日米欧三極によるワークショップを開催". 2012-03-21. http://www.meti.go.jp/press/2011/03/20120321001/20120321001-1.pdf, (参照 2012-10-03).
(191) 財務省. "貿易統計：品別国別表：輸入". e-Stat. http://www.e-stat.go.jp/SG1/estat/OtherList.do?bid=000001008801&cycode=1, (参照 2013-02-12).
(192) 財務省. "貿易統計：統計品別表：輸入". e-Stat. http://www.e-stat.go.jp/SG1/estat/OtherList.do?bid=000001008803&cycode=1, (参照 2013-02-12).
(193) 工業レアメタル. アルム出版社, 2012, no. 128, pp. 59-64.
(194) レアメタルニュース. アルム出版社, 2012, no. 2522, pp. 1-2.
(195) Roskill Information Services. *Rare Earths & Yttrium: Market Outlook to 2015*. 14th ed., London, 2011, pp. 14-15.
(196) レアメタルニュース. no. 2481, p. 2.
(197) Ibid.
(198) レアメタルニュースによれば, 2010年の中国以外の地域におけるレアアース生産量は4,650トンである. また, 同誌は, 仮に中国以外の地域において進行中の主要な開発・生産プロジェクトが順調に進めば, 2013年の中国以外の地域におけるレアアース生産量は50,900トンに達すると見込む. その内訳は, ランタンが14,200トン, セリウムが23,997トン, ネオジムが7,794トンであり, これらの3元素が全体の9割以上を占める計算になる. 上記注(196)参照.
(199) Roskill Information Services. *Rare Earths & Yttrium: Market Outlook to 2015*. 14th ed., London, 2011, pp. 204-206, 219-221.
(200) 工業レアメタル. no. 128, pp. 59-64.
(201) レアメタルニュース. no. 2522, pp. 1-2.
(202) 岡部徹. "ネオジム磁石の資源問題と対策". ネオジム磁石のすべて：レアアースで地球(アース)を守ろう. 佐川眞人監修. アグネ技術センター, 2011, pp. 161-190.
(203) 永井. "希土類金属等回収技術研究開発".
(204) NEDO電子・材料・ナノテクノロジー部, 新エネルギー部. "「希少金属代替材料開発プロジェクト」基本計画".
(205) 工業レアメタル. アルム出版社, 2010, no. 126, pp. 57-58.
(206) レアメタルニュース. アルム出版社, 2010, no. 2454, pp. 1-2.
(207) レアメタルニュース. アルム出版社, 2010, no. 2457, p. 8.
(208) 論文発表件数の調査方法については, 下記注(209), (210)の文献に示された方法を参考にした.
(209) Sakata, Ichiro; Sasaki, Hajime. Scientific Catch-Up in Asian Economies: A Case Study for Solar Cell. *Natural Resources*. 2013, vol. 4, no. 1A, pp.134-

141.
(210) 梶川裕矢, 坂田一郎. "科学技術イノベーション政策の科学のための分析手法の動向". 研究・技術計画学会年次学術大会講演要旨集. 2010-10-09. vol. 25, pp. 818-821. https://dspace.jaist.ac.jp/dspace/bitstream/10119/9418/1/2G02.pdf, (参照 2013-04-25).
(211) 希少金属利用産業等高度化推進費補助金事務局. "平成22年度レアアース等利用産業等設備導入事業公募要領".
(212) 希少金属使用量削減・代替技術開発設備整備等事業事務局. "平成23年度レアアース・レアメタル使用量削減・利用部品代替支援事業(一次公募)公募要領".

引用文献

＜英文＞

Bradsher, Keith. "Amid Tension, China Blocks Vital Exports to Japan." *New York Times*. 2010-09-22. http://www.nytimes.com/2010/09/23/business/global/23rare.html?pagewanted=all&_r=0, (accessed 2013-02-25).

Central Intelligence Agency. "The World Factbook: Country Comparison: Reserves of Foreign Exchange and Gold." https://www.cia.gov/library/publications/the-world-factbook/rankorder/2188rank.html, (accessed 2012-06-13).

Hook, Lesile; Soble Jonathan. "China's rare earth stranglehold in spotlight." *Financial Times*. 2012-03-13. http://www.ft.com/cms/s/0/e232c76c-6d1b-11e1-a7c7-00144feab49a.html#axzz2NPyceBjh, (accessed 2013-02-07).

Kato, Yasuhiro; Fujinaga, Koichiro; Nakamura, Kentaro; Takaya, Yutaro; Kitamura, Kenichi; Ohta, Junichiro; Toda, Ryuichi; Nakashima, Takuya; Iwamori, Hikaru. Deep-sea mud in the Pacific Ocean as a potential resource for rare-earth elements. *Nature Geoscience*. 2011, vol.4, pp. 535-539. http://www.nature.com/ngeo/journal/v4/n8/full/ngeo1185.html, (参照 2013-02-05).

Ministry of Commerce of People's Republic of China. "Announcement No. 98 in 2011 of Ministry of Commerce and General Administration of the Customs Publishing Catalogue of Commodities Subject to Export License Administration in 2012." 2012-01-07. http://english.mofcom.gov.cn/article/policyrelease/domesticpolicy/201201/20120107931949.shtml, (accessed 2012-05-21).

Qin, Jize. "Premier Wen reassures foreign investors." *China Daily*. 2010-07-19. http://www.chinadaily.com.cn/china/2010-07/19/content_10121146.htm, (accessed 2013-02-13).

Roskill Information Services. *Rare Earths & Yttrium: Market Outlook to 2015*. 14th ed., London, 2011.

Sakata, Ichiro; Sasaki, Hajime. Scientific Catch-Up in Asian Economies: A Case Study for Solar Cell. *Natural Resources*. 2013, vol. 4, no. 1A, pp.134-141.

U.S. Geological Survey. *Mineral Commodity Summaries 2011*. Reston, 2011. http://minerals.usgs.gov/minerals/pubs/mcs/2011/mcs2011.pdf, (accessed

2011-12-01).

─────. "Rare Earth Elements: Critical Resources for High Technology." USGS Mineral Information: Rare Earths. http://pubs.usgs.gov/fs/2002/fs087-02/, (accessed 2011-12-01).

World Bureau of Metal Statistics. *World Metal Statistics Yearbook 2011*. Ware, 2011.

WTO. "China blocks panel requests by the US, EU and Japan on 'rare earths' dispute." 2012-07-10. http://www.wto.org/english/news_e/news12_e/dsb_10jul12_e.htm, (accessed 2012-08-21).

─────. "China – Measures Related to the Exportation of Rare Earths, Tungsten and Molybdenum." 2012-10-12. http://www.wto.org/english/tratop_e/dispu_e/cases_e/ds431_e.htm, (accessed 2013-01-08).

─────. "China – Measures Related to the Exportation of Various Raw Materials." 2012-06-06. http://www.wto.org/english/tratop_e/dispu_e/cases_e/ds394_e.htm, (accessed 2013-01-08).

─────. "Report on G20 Trade Measures (Mid-October 2010 to April 2011)." www.wto.org/english/news_e/news11_e/g20_wto_report_may11_e.doc, (accessed 2012-09-11).

"Argentina – Measures Affecting the Export of Bovine Hides and the Import of Finished Leather: Report of the Panel." 2000-12-19, WT/DS155/R..

"China – Measures Related to the Exportation of Rare Earths, Tungsten and Molybdenum: Request for Consultations by the United States." 2012-03-15. WT/DS431/1, G/L/982.

"China – Measures Related to the Exportation of Rare Earths, Tungsten and Molybdenum: Request for Consultations by the European Union." 2012-03-15. WT/DS432/1, G/L/983.

"China – Measures Related to the Exportation of Rare Earths, Tungsten and Molybdenum: Request for Consultations by Japan." 2012-03-15. WT/DS433/1, G/L/984.

"China – Measures Related to the Exportation of Rare Earths, Tungsten and Molybdenum: Request for the Establishment of a Panel by the United States." 2012-06-29. WT/DS431/6.

"China – Measures Related to the Exportation of Rare Earths, Tungsten and Molybdenum: Request for the Establishment of a Panel by the European Union." 2012-06-29. WT/DS432/6.

"China – Measures Related to the Exportation of Rare Earths, Tungsten and Molybdenum: Request for the Establishment of a Panel by Japan." 2012-06-29. WT/

DS433/6.

"China – Measures Related to the Exportation of Various Raw Materials: Reports of the Appellate Body." 2012-01-30. WT/DS394/AB/R, WT/DS395/AB/R, WT/DS398/AB/R.

"China – Measures Related to the Exportation of Various Raw Materials: Reports of the Panel." 2011-07-05, WT/DS394/R, WT/DS395/R, WT/DS398/R.

"China's Transitional Review Mechanism: Questions and Comments of Japan on the Implementation by China of its Commitments on Market Access: Communication from Japan." 2008-09-23, G/MA/W/93.

"China's Transitional Review Mechanism: Communication from the United States." 2008-10-01, G/MA/W/94.

"China's Transitional Review Mechanism: Communication from the European Communities." 2008-10-09, G/MA/W/95.

"G20 Leaders Declaration." 7th G20 Leaders' Summit, Los Cabos, 2012-06-18/19. http://www.mofa.go.jp/policy/economy/g20_summit/2012/pdfs/declaration_e.pdf, (accessed 2012-10-04).

"Integrate to Grow, Innovate to Prosper." 20th APEC Economic Leaders' Meeting, Vladivostok, 2012-09-08/09. http://www.mofa.go.jp/policy/economy/apec/2012/pdfs/aelm_declaration_en.pdf (参照 2012-10-04).

"Japan – Trade in Semi-Conductors: Report of the Panel." 1988-05-04, L/6309 - 35S/116.

"United States – Import Prohibition of Certain Shrimp and Shrimp Products: Report of the Appellate Body." 1998-10-12. WT/DS58/AB/R.

"United States – Standards for Reformulated and Conventional Gasoline: Report of the Appellate Body." 1996-04-29. WT/DS2/AB/R.

"Trade Policy Review: China: Minutes of Meeting." 2008-07-24, WT/TPR/M/199.

"Trade Policy Review: China: Minutes of Meeting: Addendum." 2008-08-28, WT/TPR/M/199/Add.1.

"Transitional Review Mechanism Pursuant to Paragraph 18 of the Protocol on the Accession of the People's Republic of China ("China"): Questions from the United States to China." 2008-10-24, G/C/W/603.

"Transitional Review Mechanism Pursuant to Paragraph 18 of the Protocol on the Accession of the People's Republic of China ("China"): Questions from the European Communities to China." 2008-11-04, G/C/W/605.

"Transitional Review Mechanism in Connection with Paragraph 18 of the Protocol on the Accession of the People's Republic of China: Questions and Comments from Japan to China." 2008-11-10, G/C/W/606.

<中文>

中華人民共和国国土資源部．"全国矿产资源规划(2008～2015年)"．2009-01-07. http://www.mlr.gov.cn/xwdt/zytz/200901/t20090107_113776.htm，(参照 2013-02-26)．

中華人民共和国国務院．"国务院关于促进稀土行业持续健康发展的若干意见"．2011-05-10. http://www.gov.cn/zwgk/2011-05/19/content_1866997.htm（参照 2012-06-08）．

"国民经济和社会发展第十二个五年规划纲要(全文)"．2011年全国"两会"．2011-03-16. http://www.gov.cn/2011lh/content_1825838.htm（参照 2012-06-10）．

"中华人民共和国国民经济和社会发展第十一个五年规划纲要"．中华人民共和国中央人民政府．2006-03-14. http://www.gov.cn/gongbao/content/2006/content_268766.htm（参照 2012-06-10）．

<和文>

足立吟也．"希土類元素とは"．希土類の科学．足立吟也編著．化学同人，京都，1999，pp. 3-21.

阿部克則．中国レアアース輸出規制事件．書斎の窓．2012，no. 616, pp. 12-16.

一戸孝之．"レアメタル高度分離製錬技術事業～成果例：レアアース研究・技術協力センター設立～"．平成24年度第6回金属資源関連成果発表会．2012-09-06, JOGMEC. http://mric.jogmec.go.jp/kouenkai_index/2012/briefing_120906_6.pdf,（参照 2013-01-16）．

伊藤忠商事調査情報部．"中国経済情報：2010年11月号"．2010. http://www.itochu.co.jp/ja/business/economic_monitor/pdf/2010/20101115_CN.pdf,（参照 2012-06-06）．

伊藤博，木村裕司．"希土類鉱石の処理"．希土類の材料技術ハンドブック：基礎技術・合成・デバイス製作・評価から資源まで．足立吟也監修，エヌ・ティー・エス，2008, pp. 615-623.

岩野宏，穂積篤．"希少金属の代替材料開発ロードマップの作成"．貴金属・レアメタルのリサイクル技術集成：材料別技術事例・安定供給に向けた取り組み・代替材料開発．エヌ・ティー・エス，2007, pp. 499-515.

上田康治．"使用済小型家電からのレアメタルの回収及び適正処理について"．元素戦略／希少金属代替材料開発プロジェクト第3回合同シンポジウム．2009-01-27, 元素戦略／希少金属代替材料開発合同戦略会議．http://www.jst.go.jp/keytech/event/20090127/pdf/kankyosho.pdf,（参照 2012-12-13）．

大林啓二．特集，レアメタル・レアアースの動向と将来戦略：レアアースの偏在状況と商社の役割．トライボロジスト．2011, Vol.56, No.8, pp. 483-488.

岡部徹．特集，レアアース：総論／レアアースの現状と課題．高圧ガス．2011, vol. 48,

no. 3, pp. 151-159.

―――. 特集，レアメタル・レアアースの動向と将来戦略：レアアースの現状と問題．トライボロジスト．2011, Vol.56, No.8, pp. 460-465.

―――. "ネオジム磁石の資源問題と対策"．ネオジム磁石のすべて―レアアースで地球(アース)を守ろう―．佐川眞人監修．アグネ技術センター，2011, pp. 161-190.

納篤．"中国のレア・アース政策動向と2003年需給動向"．カレント・トピックス，JOGMEC, 2004-27. http://mric.jogmec.go.jp/public/current/04_27.html, (参照 2011-11-18).

―――. "中国輸出増値税の還付率の調整(低減)：第1部還付率調整の背景と非鉄分野への波及(前篇)"．カレント・トピックス，JOGMEC, 2004-03. http://mric.jogmec.go.jp/public/current/04_03.html, (参照 2012-05-26).

外務省．"尖閣諸島周辺領海内における我が国巡視船に対する中国漁船による衝突事件(中国側とのやりとりを中心にした経緯)"．http://www.mofa.go.jp/mofaj/area/china/gyosen-keii_1010.html, (参照 2012-05-28).

―――. "第1回日・インド閣僚級経済対話(概要)"．2012-04-30. http://www.mofa.go.jp/mofaj/kaidan/g_gemba/120428/india_kakuryou.html, (参照 2013-01-11).

―――. "日中首脳会談(概要)"．2011-05-22. http://www.mofa.go.jp/mofaj/area/jck/summit2011/jc_gaiyo.html, (参照 2012-10-04).

―――. "日中首脳会談(概要)"．2011-12-25. http://www.mofa.go.jp/mofaj/kaidan/s_noda/china_1112/pm_meeting_1112.html, (参照 2012-10-04).

―――. "WTOとは"．http://www.mofa.go.jp/mofaj/gaiko/wto/gaiyo.html, (参照 2013-04-09).

外務省経済局監修．世界貿易機関(WTO)を設立するマラケシュ協定．日本国際問題研究所，1995.

科学技術振興機構研究振興支援業務室．"「元素戦略プロジェクト」採択課題一覧"．http://www.jst.go.jp/keytech/h19-5besshi1.html, (参照 2012-09-28).

梶川裕矢，坂田一郎．"科学技術イノベーション政策の科学のための分析手法の動向"．研究・技術計画学会年次学術大会講演要旨集．2010-10-09. vol. 25, pp. 818-821. https://dspace.jaist.ac.jp/dspace/bitstream/10119/9418/1/2G02.pdf, (参照 2013-04-25).

加藤泰浩．太平洋のレアアース泥が日本を救う．PHP研究所，2012.

川島富士雄．特集，経済のグローバル化と国際経済法の諸課題：中国による鉱物資源の輸出制限と日本の対応．ジュリスト．2011, no. 1418, pp. 37-43.

―――. "米国のエビ・エビ製品の輸入禁止"．ケースブックWTO法．松下満雄，清水章雄，中川淳司編．有斐閣，2009, pp. 134-136.

環境省．"環境研究総合推進費平成25年度新規課題公募要領"．2012. http://www.env.go.jp/policy/kenkyu/suishin/koubo/pdf/2013kobo_yoryo.pdf (参照 2012-12-17).

―――.“使用済小型電子機器等の再資源化の促進に関する法律案の閣議決定について（お知らせ）”. 2012-03-09. http://www.env.go.jp/press/press.php?serial=14945,（参照 2012-12-13）.

―――, 経済産業省.“使用済小型家電からのレアメタルの回収及び適正処理に関する研究会とりまとめ”. 2011. http://www.env.go.jp/recycle/recycling/raremetals/conf_ruca/h22/h22_main.pdf,（参照 2012-12-13）.

希少金属使用量削減・代替技術開発設備整備等事業事務局.“平成23年度レアアース・レアメタル使用量削減・利用部品代替支援事業（一次公募）公募要領”. 2011. http://www.meti.go.jp/information/downloadfiles/c111206a01j.pdf,（参照 2012-10-02）.

希少金属利用産業等高度化推進費補助金事務局.“平成22年度レアアース等利用産業等設備導入事業公募要領”. 2010. http://www.meti.go.jp/information/downloadfiles/c101222b01j.pdf,（参照 2012-10-02）.

経済産業省.“大畠経済産業大臣の閣議後記者会見の概要”. 2010-10-01. http://www.meti.go.jp/speeches/data_ed/ed101001j.html,（参照 2013-02-06）.

―――.“経済産業大臣記者会見概要（平成22年度）”. http://www.meti.go.jp/speeches/daijin_h22.html,（参照 2013-02-06）.

―――.“「資源戦略研究会報告書」の公表について：＜非鉄金属資源の安定供給確保に向けた戦略＞”. 金属資源レポート. JOGMEC, 2006, vol. 36, no. 2, pp. 161-175. http://mric.jogmec.go.jp/public/kogyojoho/2006-07/MRv36n2-20.pdf,（参照 2011-11-22）.

―――.“使用済レアアース磁石のリサイクルに係る技術開発・実証を行う事業への助成が決定しました～希少金属代替材料開発プロジェクト（NEDO交付事業）～”. 2012-08-21. http://www.meti.go.jp/press/2012/08/20120821002/20120821002.pdf,（参照 2012-12-12）.

―――.“新・国家エネルギー戦略（要約版）”. 2006. http://www.enecho.meti.go.jp/topics/energy-strategy/senryaku-youyaku.pdf,（参照 2012-09-13）.

―――.“平成22年度「レアアース等利用産業等設備導入補助金（一次公募）」の採択事業の決定について”. 2011-02-25. http://www.meti.go.jp/press/20110225001/20110225001-1.pdf,（参照 2012-10-02）.

―――.“平成22年度「レアアース等利用産業等設備導入補助金（二次公募）」の採択事業の決定について”. 2011-06-03. http://www.meti.go.jp/press/2011/06/20110603007/20110603007-1.pdf,（参照 2012-10-02）.

―――.“平成23年度「国内立地推進事業費補助金」の一次公募の採択結果について”. 2012-02-03. http://www.meti.go.jp/press/2011/02/20120203001/20120203001-1.pdf,（参照 2012-10-03）.

―――.“平成23年度第3次補正予算「国内立地推進事業費補助金」の二次公募採択事業が決定しました”. 2012-07-10. http://www.meti.go.jp/press/2012/07/20120

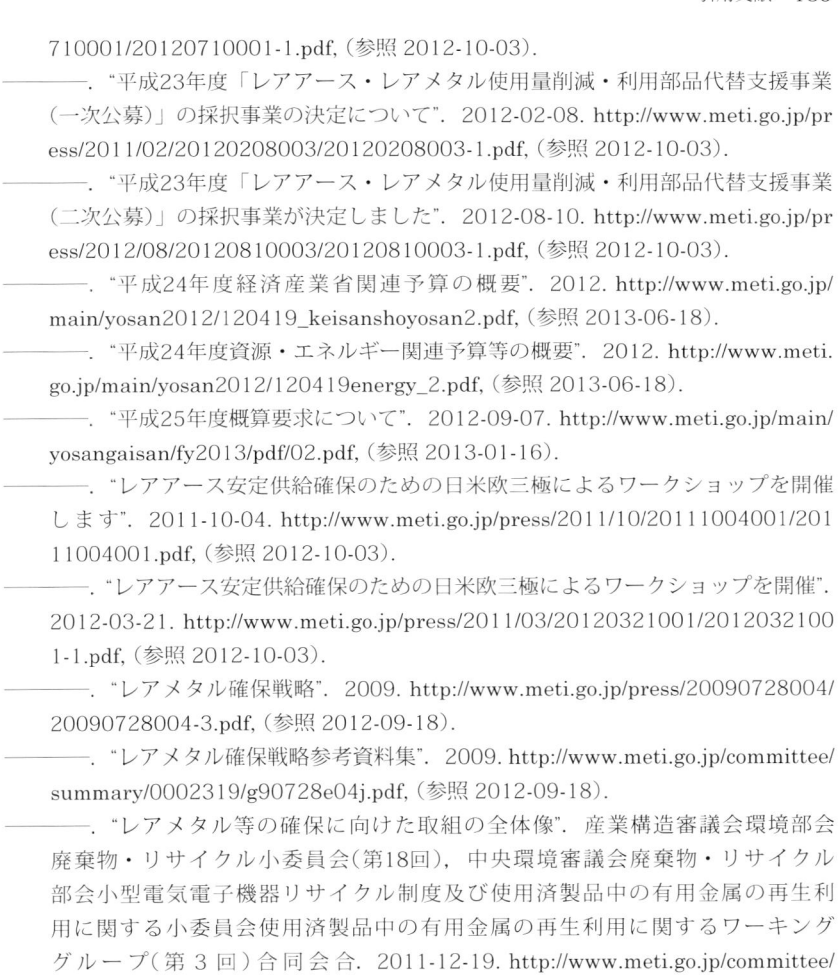

―――. "平成23年度「レアアース・レアメタル使用量削減・利用部品代替支援事業（一次公募）」の採択事業の決定について". 2012-02-08. http://www.meti.go.jp/press/2011/02/20120208003/20120208003-1.pdf,（参照 2012-10-03）.

―――. "平成23年度「レアアース・レアメタル使用量削減・利用部品代替支援事業（二次公募）」の採択事業が決定しました". 2012-08-10. http://www.meti.go.jp/press/2012/08/20120810003/20120810003-1.pdf,（参照 2012-10-03）.

―――. "平成24年度経済産業省関連予算の概要". 2012. http://www.meti.go.jp/main/yosan2012/120419_keisanshoyosan2.pdf,（参照 2013-06-18）.

―――. "平成24年度資源・エネルギー関連予算等の概要". 2012. http://www.meti.go.jp/main/yosan2012/120419energy_2.pdf,（参照 2013-06-18）.

―――. "平成25年度概算要求について". 2012-09-07. http://www.meti.go.jp/main/yosangaisan/fy2013/pdf/02.pdf,（参照 2013-01-16）.

―――. "レアアース安定供給確保のための日米欧三極によるワークショップを開催します". 2011-10-04. http://www.meti.go.jp/press/2011/10/20111004001/20111004001.pdf,（参照 2012-10-03）.

―――. "レアアース安定供給確保のための日米欧三極によるワークショップを開催". 2012-03-21. http://www.meti.go.jp/press/2011/03/20120321001/20120321001-1.pdf,（参照 2012-10-03）.

―――. "レアメタル確保戦略". 2009. http://www.meti.go.jp/press/20090728004/20090728004-3.pdf,（参照 2012-09-18）.

―――. "レアメタル確保戦略参考資料集". 2009. http://www.meti.go.jp/committee/summary/0002319/g90728e04j.pdf,（参照 2012-09-18）.

―――. "レアメタル等の確保に向けた取組の全体像". 産業構造審議会環境部会廃棄物・リサイクル小委員会（第18回）、中央環境審議会廃棄物・リサイクル部会小型電気電子機器リサイクル制度及び使用済製品中の有用金属の再生利用に関する小委員会使用済製品中の有用金属の再生利用に関するワーキンググループ（第3回）合同会合. 2011-12-19. http://www.meti.go.jp/committee/summary/0003198/018_03_00.pdf,（参照 2012-09-29）.

―――. "レアメタルリサイクルについて（産業構造審議会・中央環境審議会合同会合中間とりまとめについて）". 2012. http://www.meti.go.jp/committee/summary/0003198/pdf/report01_01_00.pdf,（参照 2012-12-06）.

―――監修. 全訳中国WTO加盟文書. 荒木一郎, 西忠雄訳. 蒼蒼社, 2003.

―――, 厚生労働省, 文部科学省. ものづくり白書. 2011年版, 2011.

経済産業省経済産業政策局経済産業政策課. "国内立地補助事業について（平成23年度）". 2011. http://www.meti.go.jp/information/downloadfiles/c111128b06j.pdf,（参照 2012-10-03）.

経済産業省産業技術環境局リサイクル推進課．"平成21年度新資源循環推進事業費補助金（都市資源循環推進事業－高性能磁石モータ等からのレアアースリサイクル技術開発）の交付先の公募結果について"．2009-08-26．http://www.meti.go.jp/information/data/c90826jj.html，（参照 2012-12-13）．
―――．"平成24年度「産業技術実用化開発事業費補助金（資源循環実証事業）」に係る補助事業者募集要領"．2012．http://www.meti.go.jp/information/downloadfiles/c120814a01j.pdf，（参照 2012-12-13）．
経済産業省資源エネルギー庁．"エネルギー基本計画について"．http://www.enecho.meti.go.jp/topics/kihonkeikaku/new_index.htm，（参照 2013-03-05）．
―――．"資源確保戦略について"．http://www.enecho.meti.go.jp/policy/shinenseisaku.htm，（参照 2012-09-13）．
―――．"中国の鉱物資源政策について"．総合資源エネルギー調査会鉱業分科会レアメタル対策部会第7回．2006-11-22．http://www.meti.go.jp/committee/materials/downloadfiles/g70125b03j.pdf，（参照 2013-03-11）．
経済産業省資源エネルギー庁鉱物資源課．"インドとのレアアース協力に係る政府間の覚書に署名しました"．2012-11-16．http://www.meti.go.jp/press/2012/11/20121116007/20121116007.pdf，（参照 2013-01-11）．
―――．"平成23年度3次補正「持続的資源開発推進対策事業」に係る企画競争募集要領"．2012-02-17．http://www.enecho.meti.go.jp/info/tender/tenddata/1202/120217d/1.pdf，（参照 2013-01-16）．
―――．"レアメタル確保戦略の概要"．2009．http://www.meti.go.jp/press/20090728004/20090728004-2.pdf，（参照 2012-09-20）．
経済産業省製造産業局非鉄金属課．"平成22年度「レアアース等利用産業等設備導入補助金（三次公募）」の採択事業の決定について"．2011-09-20．http://www.meti.go.jp/information/data/c110920aj.html，（参照 2012-10-02）．
―――．"レアアース・レアメタル使用量削減・利用部品代替支援事業（平成23年度3次補正予算）"．2011．http://www.meti.go.jp/information/downloadfiles/c111206a02j.pdf，（参照 2012-09-29）．
―――，資源エネルギー庁鉱物資源課．"日中レアアース交流会議の結果について"．総合資源エネルギー調査会鉱業分科会第9回．2009-06-03．http://www.meti.go.jp/committee/materials2/downloadfiles/g90603a03j.pdf，（参照 2012-10-04）．
―――，自動車課．"平成24年度「次世代自動車向け高効率モーター用磁性材料技術開発」に係る企画競争募集要領"．2012-05-29．http://www.meti.go.jp/information/downloadfiles/c120529b01j.pdf，（参照 2013-03-19）．
経済産業省通商政策局編．不公正貿易報告書：WTO協定及び経済連携協定・投資協定から見た主要国の貿易政策．2008年版．
―――編．不公正貿易報告書：WTO協定及び経済連携協定・投資協定から見た主要

国の貿易政策．2011年版．

―――編．不公正貿易報告書：WTO協定及び経済連携協定・投資協定から見た主要国の貿易政策．2012年版．

―――編．不公正貿易報告書：WTO協定及び経済連携協定・投資協定から見た主要国の貿易政策．2013年版．

経済産業省貿易経済協力局貿易保険課．"貿易保険を通じた政策実現"．http://www.meti.go.jp/policy/external_economy/toshi/trade_insurance/seisaku/energy-and-environment.html，(参照 2013-01-07)．

国際協力銀行．"資源金融"．http://www.jbic.go.jp/ja/finance/resource/index.html，(参照 2013-01-07)．

国内立地推進事業事務局．"平成23年度国内立地推進事業費補助金公募要領"．2011．http://www.meti.go.jp/information/downloadfiles/c111128b01j.pdf，(参照 2012-10-03)．

国立天文台編．理科年表平成22年．丸善，2009．

小寺彰．"米国のガソリン基準"．ケースブックWTO法．松下満雄，清水章雄，中川淳司編．有斐閣，2009，pp. 132-133．

―――．WTO体制の法構造．東京大学出版会，2000．

小室程夫．国際経済法．新版，東信堂，2007．

財務省．"貿易統計：品別国別表：輸入"．e-Stat．http://www.e-stat.go.jp/SG1/estat/OtherList.do?bid=000001008801&cycode=1，(参照 2013-02-12)．

―――．"貿易統計：統計品別表：輸入"．e-Stat．http://www.e-stat.go.jp/SG1/estat/OtherList.do?bid=000001008803&cycode=1，(参照 2013-02-12)．

新エネルギー・産業技術総合開発機構(NEDO)．"「使用済モーターからの高性能レアアース磁石リサイクル技術開発」に係る公募について"．2012-06-13．http://www.nedo.go.jp/koubo/EV2_100037.html，(参照 2012-12-13)．

NEDO電子・材料・ナノテクノロジー部，新エネルギー部．「希少金属代替材料開発プロジェクト」基本計画．P08023．http://www.nedo.go.jp/content/100084435.pdf，(参照 2012-04-28)．

石油天然ガス・金属鉱物資源機構(JOGMEC)．鉱物資源マテリアルフロー 2010．2011．

―――．"JOGMEC，カザフスタンのレアアース回収事業の推進に向けたMOUに調印"．2009-10-23．http://www.jogmec.go.jp/news/release/docs/2009/pressrelease_091023_01.pdf，(参照 2013-01-11)．

―――．"JOGMECの活動：出融資・債務保証(金属資源)"．http://www.jogmec.go.jp/jogmec_activities/financial_metal/index.html，(参照2013-01-08)．

―――．"JOGMECの活動：地質構造調査(金属資源)"．http://www.jogmec.go.jp/jogmec_activities/field_surveys_metal/index.html，(参照2013-01-09)．

───. メタルマイニング・データブック2011．2012．
JOGMEC希少金属備蓄部．レアメタル備蓄データ集(総論)．2011．
JOGMEC金属企画調査部．"鉱山等周辺インフラF/S調査制度について"．金属資源レポート．JOGMEC, 2010, vol. 40, no. 1, pp. 9-12. http://mric.jogmec.go.jp/public/kogyojoho/2010-05/MRv40n1-02.pdf,（参照2013-03-13）．
総合資源エネルギー調査会鉱業分科会レアメタル対策部会．"今後のレアメタルの安定供給対策について"．2007. http://www.meti.go.jp/committee/materials/downloadfiles/g70125ej.pdf,（参照 2012-09-19）．
高岡衛．"希少金属等高効率回収システム開発「廃超硬工具スクラップからのタングステン等回収技術開発，及び廃小型家電からのレアメタル回収技術開発」"．平成21年度第4回金属資源関連成果発表会．2009-07-30, JOGMEC. http://mric.jogmec.go.jp/public/kouenkai/2009-07/briefing_090730_3.pdf,（参照 2012-12-13）．
高橋継世，西川信康．"JOGMECによる金融支援事業の成果について－海外探鉱投融資・開発資金債務保証・資産買収出資の活用－"．金属資源レポート．JOGMEC, 2011, vol.41, no.3, pp. 185-199. http://mric.jogmec.go.jp/public/kogyojoho/2011-10/MRv41n3-01.pdf,（参照 2012-04-02）．
竹下健二，尾形剛志．"希土類元素の特性と需給およびリサイクルの動向"．貴金属・レアメタルのリサイクル技術集成：材料別技術事例・安定供給に向けた取り組み・代替材料開発．エヌ・ティー・エス，2007, pp. 443-464.
竹田修，岡部徹．特集，レアメタル・レアアースの動向と将来戦略：レアアースの製錬・リサイクル技術．トライボロジスト．2011, Vol.56, No.8, pp. 466-471.
田中修．"附録：第12次5カ年計画要綱"．2011～2015年の中国経済 [第12次5カ年計画を読む]．蒼蒼社，2011．
多部田俊輔．"中国，鉱物輸出税を撤廃：9種対象WTOルールに従う"．日本経済新聞．2013-01-01．
───．"中国レアアース団体発足：採掘や加工など155社参加"．日経産業新聞．2012-04-10．
───．"レアアース戦略：中国に内憂外患"．日本経済新聞．2012-03-05．
───．"レアアース大国揺れる"．日経産業新聞．2012-01-24．
田村次朗．WTOガイドブック．弘文堂，2001．
土屋春明．"激動の中国レアアース－新たな夜明け－"．金属資源レポート，JOGMEC, 2009, vol. 39, no.2, pp.176-183. http://mric.jogmec.go.jp/public/kogyojoho/2009-07/MRv39n2-05.pdf,（参照 2011-11-18）．
───．"最近の中国鉱物資源政策の動向"．金属資源レポート，JOGMEC, 2006, vol. 36, no. 2, pp. 252-261. http://mric.jogmec.go.jp/public/kogyojoho/2006-07/MRv36n2-05.pdf,（参照 2011-11-18）．
土居正典．"中国：最近のレアアース事情"．平成23年度第9回金属資源関連成果発表

会．2011-11-25, JOGMEC. http://mric.jogmec.go.jp/public/kouenkai/2011-11/briefing_111125_8.pdf,（参照 2012-04-02）.

―――, 渡邉美和．"中国・南方レアアース産業の最近の再編動向"．カレント・トピックス．JOGMEC, 2011, 11-41. http://mric.jogmec.go.jp/public/current/11_41.html,（参照 2012-11-18）.

―――, 渡邉美和．"「中国のレアアースの現状と政策」白書"．カレント・トピックス．JOGMEC, 2012, 12-53. http://mric.jogmec.go.jp/public/current/12_53.html,（参照 2012-11-02）.

―――, 渡邉美和, 上木隆司．"中国のレアアース資源の管理強化と『2009～2015年レアアース工業発展計画改訂（案）』の概要"．カレント・トピックス．JOGMEC, 2009, 09-43. http://mric.jogmec.go.jp/public/current/09_43.html,（参照 2011-11-18）.

内記香子．"アルゼンチンの牛皮輸出及び加工済み皮革の輸入に影響を与える措置"．ケースブックWTO法．松下満雄，清水章雄，中川淳司編．有斐閣，2009, pp. 105-106.

永井秀典．"希土類金属等回収技術研究開発"．平成24年度第6回金属資源関連成果発表会．2012-09-06, JOGMEC. http://mric.jogmec.go.jp/kouenkai_index/2012/briefing_120906_4.pdf,（参照 2012-11-02）.

南條道夫．都市鉱山開発－包括的資源観によるリサイクルシステムの位置づけ．東北大學選鑛製錬研究所彙報．1988, vol. 43, no. 2, pp. 239-251. http://ci.nii.ac.jp/els/110000202896.pdf?id=ART0000575412&type=pdf&lang=jp&host=cinii&order_no=&ppv_type=0&lang_sw=&no=1363237990&cp=,（参照 2012-12-10）.

西川信康．"金融支援事業の最近の成果"．平成24年度第5回金属資源関連成果発表会．2012-07-27, JOGMEC. http://mric.jogmec.go.jp/kouenkai_index/2012/briefing_120727_3.pdf,（参照 2012-11-02）.

―――．"JOGMEC金融支援事業の最近の成果について"．金属資源レポート．JOGMEC, 2012, vol.42, no.3, pp. 221-236. http://mric.jogmec.go.jp/public/kogyojoho/2012-09/MRv42n3-02.pdf,（参照2012-11-02）.

西元宏治．"DS394/395/398: 中国－原材料輸出規制に関する措置（パネル・上級委）"．WTOパネル・上級委員会報告書に関する調査研究報告書．2011年度版．http://www.meti.go.jp/policy/trade_policy/wto/ds/panel/panelreport.files/11-5.pdf,（参照 2013-01-08）.

日本貿易振興機構(JETRO)．"中国：外資に関する制限：制限業種・禁止業種：詳細"．http://www.jetro.go.jp/jfile/country/cn/invest_02/pdfs/010011300302_031_BUP_0.pdf,（参照 2013-03-14）.

―――．"増値税の輸出還付率引き下げ等について"．http://www.jetro.go.jp/world/asia/cn/law/tax_value02.html,（参照 2012-05-26）.

JETRO上海センター編．"商品の輸出時における増値税還付率の一部調整及び加工貿易禁止類商品目録の増補に関する通知"．http://www.jetro.go.jp/world/asia/cn/law/pdf/tax_023.pdf,（参照 2012-05-26）．

日本貿易保険(NEXI)．"海外投資保険：資源エネルギー総合保険"．http://nexi.go.jp/product/investment/energy/,（参照 2013-01-07）．

―――．"貿易保険とは"．http://nexi.go.jp/about/,（参照 2013-01-10）．

馬場洋三．"レアメタルの供給構造の脆弱性(タングステンにみる中国の影響)"．金属資源レポート，JOGMEC, 2005, vol. 35, no. 4, pp. 619-628. http://mric.jogmec.go.jp/public/kogyojoho/2005-11/MRv35n4-08.pdf,（参照2012-05-21）．

―――．"レアアース資源問題"．平成23年度第11回金属資源関連成果発表会．2012-02-08. JOGMEC. http://mric.jogmec.go.jp/kouenkai_index/2012/briefing_1202008_4.pdf,（参照 2012-04-02）．

日立製作所．"レアアース磁石のリサイクル技術の開発を開始"．2009-12-14. http://www.hitachi.co.jp/New/cnews/month/2009/12/1214a.pdf,（参照 2012-12-13）．

廣川満哉．"特集，レアメタルシリーズ2011：レアアースの需要・供給及び価格の動向"．金属資源レポート．JOGMEC, 2011, vol. 41, no. 2, pp. 155-162. http://mric.jogmec.go.jp/public/kogyojoho/2011-08/MRv41n2-06.pdf,（参照2011-11-18）．

―――．"資源ナショナリズムの現状と資源開発"．平成23年度第12回金属資源関連成果発表会．2012-03-26, JOGMEC. http://mric.jogmec.go.jp/kouenkai_index/2012/briefing_120326_3.pdf,（参照 2013-01-09）．

―――，渡邉美和．"国際レアアースサミット(2011)報告"．カレント・トピックス．JOGMEC, 2011, 11-36. http://mric.jogmec.go.jp/public/current/11_36.html,（参照 2011-11-18）．

福士譲．"30分予定が2時間半：日中経産相会談の密度(APEC便り)"．日本経済新聞．2010-11-14. http://www.nikkei.com/article/DGXNASFS13035_T11C10A1000000/,（参照 2012-10-05）．

物質・材料研究機構．"わが国の都市鉱山は世界有数の資源国に匹敵－わが国に蓄積された都市鉱山の規模を計算－"．2008-01-11. http://www.nims.go.jp/news/press/2008/01/200801110/p200801110.pdf,（参照 2012-12-10）．

増田正則．"希土類：ELプレミアム上昇：中国，中重希土で100ドル"．日刊産業新聞．2012-03-26．

松下満雄．"解説：一般的例外"．ケースブックWTO法．松下満雄，清水章雄，中川淳司編．有斐閣，2009, pp. 130-131．

―――．"序：WTOの紛争解決手続"．ケースブックWTO法．松下満雄，清水章雄，中川淳司編．有斐閣，2009, pp. 1-7．

―――．中国鉱物資源輸出制限に関するWTOパネル報告書～天然資源の輸出制限と

WTO ／ガット体制〜．国際商事法務．2011, vol. 39, no. 9, pp. 1231-1239.

―――．天然資源・食料輸出制限とWTO ／ GATT体制．貿易と関税．2008, vol. 56, no. 11, pp. 17-27.

松本和子．希土類元素の化学．朝倉書店，2008.

間宮勇．"日本の半導体に対する第三国モニタリング措置"．ケースブックガット・WTO法．松下満雄，清水章雄，中川淳司編．有斐閣，2000, pp. 193-196.

美濃輪武久．"特集，レアメタルシリーズ2010：希土類磁石から見たレアメタルと磁石応用の今後"．金属資源レポート．JOGMEC, 2011, vol. 40, no. 5, pp. 723-746. http://mric.jogmec.go.jp/public/kogyojoho/2011-01/MRv40n5-05.pdf,（参照 2013-01-18).

宮脇律郎．"希土類の存在"．希土類の科学．足立吟也編著．化学同人，京都，1999, pp. 22-33.

目次英哉．"「金属リサイクル事情」シンポジウムの開催－レアメタルリサイクルの実現に向けたJOGMECの取り組み－"．金属資源レポート．JOGMEC, 2010, vol.40, no.1, pp. 13-21. http://mric.jogmec.go.jp/public/kogyojoho/2010-05/MRv40n1-03.pdf,（参照2012-11-18).

文部科学省．"一家に１枚周期表"．第６版，2011-03-25. http://stw.mext.go.jp/shuki/element_b6_4_12k.pdf,（参照 2013-01-18).

―――．"希少元素を用いない革新的な代替材料の創製を行う「元素戦略プロジェクト」の採択拠点決定"．2012-06-29. http://www.mext.go.jp/b_menu/houdou/24/06/1323106.htm,（参照 2012-09-28).

―――．"元素戦略プロジェクト＜研究拠点形成型＞の概要"．http://www.mext.go.jp/b_menu/houdou/24/06/__icsFiles/afieldfile/2012/06/29/1323106_1.pdf,（参照 2012-09-28).

山岡幸一．"中国レアアース産業の現状と動向及び日本レアアース産業への影響"．金属資源レポート，JOGMEC, 2006, vol. 35, no. 6, pp. 133-137. http://mric.jogmec.go.jp/public/kogyojoho/2006-03/MRv35n6-17.pdf,（参照2011-11-22).

山川一基，吉岡桂子．"レアアース争奪火ぶた：日米欧，中国をWTOに提訴へ"．朝日新聞．2012-03-14.

山路法宏．"カントリーリスク及びプロジェクトリスク軽減のためのJOGMEC活用法〜資源外交からインフラ整備支援まで〜"．平成23年度第４回金属資源関連成果発表会．2011-07-28, JOGMEC. http://mric.jogmec.go.jp/kouenkai_index/2011/briefing_110728_1.pdf,（参照 2012-11-21).

渡邉美和．"中国，「外商投資産業指導目録（2011年修訂）」を公布"．カレント・トピックス．JOGMEC, 2012, 12-13. http://mric.jogmec.go.jp/public/current/12_13.html,（参照 2012-04-02).

―――．"中国レアアース産業の再編動向"．金属資源レポート，JOGMEC, 2011,

vol. 40, no. 6, pp. 857-870. http://mric.jogmec.go.jp/public/kogyojoho/2011-04/MRv40n6-04.pdf,（参照 2011-11-18）.

―――. "非鉄金属産業に関わる2011年の中国の税制の動向". カレント・トピックス. JOGMEC, 2012, 12-13. http://mric.jogmec.go.jp/public/current/12_12.html,（参照 2012-04-02）.

渡辺寧. "鉱石の生成機構". 希土類の材料技術ハンドブック：基礎技術・合成・デバイス製作・評価から資源まで. 足立吟也監修, エヌ・ティー・エス, 2008, pp. 602-611.

―――. "鉱石の分布". 希土類の材料技術ハンドブック：基礎技術・合成・デバイス製作・評価から資源まで. 足立吟也監修, エヌ・ティー・エス, 2008, pp. 596-601.

―――. "世界の希土類資源". 希土類の材料技術ハンドブック：基礎技術・合成・デバイス製作・評価から資源まで. 足立吟也監修, エヌ・ティー・エス, 2008, pp. 591-595.

Davey, William J. "WTO紛争解決手続における履行問題". 荒木一郎訳. WTO紛争解決手続における履行制度. 川瀬剛志, 荒木一郎編. 三省堂, 2005, pp. 1-35.

"エネルギー基本計画". 2010. http://www.meti.go.jp/committee/summary/0004657/energy.pdf,（参照 2012-09-21）.

"温家宝首相, 日本国際貿易促進協会代表団と会見". 新華網日本語版. 2011-07-25. http://jp.xinhuanet.com/2011-07/25/c_131006843.htm,（参照 2012-10-05）.

"海保と衝突, 中国人船長を逮捕：公務執行妨害容疑". 日本経済新聞. 2010-09-08. http://www.nikkei.com/article/DGXNASDG0800M_Y0A900C1MM0000/,（参照 2013-02-05）.

"小型電子機器等リサイクル制度について". 産業構造審議会環境部会廃棄物・リサイクル小委員会(第24回), 中央環境審議会廃棄物・リサイクル部会小型電気電子機器リサイクル制度及び使用済製品中の有用金属の再生利用に関する小委員会使用済製品中の有用金属の再生利用に関するワーキンググループ(第11回)合同会合. 2012-10-09. http://www.meti.go.jp/committee/summary/0003198/pdf/024_02_00.pdf,（参照 2012-12-13）.

工業レアメタル. アルム出版社, 2007, no. 123.

―――. アルム出版社, 2008, no. 124.

―――. アルム出版社, 2009, no. 125.

―――. アルム出版社, 2010, no. 126.

―――. アルム出版社, 2011, no. 127.

―――. アルム出版社, 2012, no. 128.

"G20ロスカボス・サミット首脳宣言". http://www.mofa.go.jp/mofaj/gaiko/g20/loscabos2012/declaration_j.html,（参照 2012-10-04）.

"資源確保指針". 2008. http://warp.ndl.go.jp/info:ndljp/pid/286890/www.meti.go.jp/press/20080328001/02_sisin_set.pdf,（参照 2012-09-19）.

"資源確保戦略". 2012. http://www.enecho.meti.go.jp/policy/shinenseisaku2.pdf,（参照 2012-09-13）.

"資源確保戦略（概要）". 2012. http://www.enecho.meti.go.jp/policy/shinenseisaku1.pdf,（参照 2012-09-13）.

"資源確保を巡る最近の動向". 総合資源エネルギー調査会鉱業分科会・石油分科会合同分科会第1回. 2010-12-07. http://www.meti.go.jp/committee/sougouenergy/kougyou/bunkakai_goudou/001_02_01.pdf,（参照 2011-12-01）.

"使用済小型電子機器等の再資源化の促進に関する法律". 産業構造審議会環境部会廃棄物・リサイクル小委員会（第24回），中央環境審議会廃棄物・リサイクル部会小型電気電子機器リサイクル制度及び使用済製品中の有用金属の再生利用に関する小委員会使用済製品中の有用金属の再生利用に関するワーキンググループ（第11回）合同会合. 2012-10-09. http://www.meti.go.jp/committee/summary/0003198/pdf/024_02_01_01.pdf, http://www.meti.go.jp/committee/summary/0003198/pdf/024_02_01_02.pdf,（参照 2012-12-13）.

"新経済成長戦略：フォローアップと改訂". 2008. http://warp.ndl.go.jp/info:ndljp/pid/286890/www.meti.go.jp/press/20080919003/20080919003-4.pdf,（参照 2013-03-04）.

"シンポジウムの開催趣旨". 第6回合同シンポジウム：元素戦略／希少金属代替材料開発. http://element.epl.jp/,（参照 2012-04-28）.

"成長のための統合，繁栄のための革新". http://www.mofa.go.jp/mofaj/gaiko/apec/2012/pdfs/aelm_declaration_jp.pdf,（参照 2012-10-04）.

"尖閣沖衝突，深まる溝：中国「日本側が不法に囲んだ」". 日本経済新聞. 2010-09-22. http://www.nikkei.com/article/DGXNASGM21038_R20C10A9NN8000/,（参照 2013-02-05）.

"WTOに協議要請：日・米・EU：中国の輸出規制で". 日刊産業新聞. 2012-03-15.

"中華人民共和国国民経済・社会発展第11次5カ年計画要綱". http://www.jc-web.or.jp/JCObj/Cnt/11%EF%BC%8D5%E8%A8%88%E7%94%BB%E9%82%A6%E8%A8%B3.pdf,（参照 2013-03-15）.

"中間とりまとめ". 産業構造審議会環境部会廃棄物・リサイクル小委員会，中央環境審議会廃棄物・リサイクル部会小型電気電子機器リサイクル制度及び使用済製品中の有用金属の再生利用に関する小委員会使用済製品中の有用金属の再生利用に関するワーキンググループ合同会合. 2012. http://www.meti.go.jp/committee/summary/0003198/report_01.html,（参照 2012-12-07）.

"中国以外から5割確保へ＝レアアース調達で－枝野経産相. 時事ドットコム. 2011-11-12. http://www.jiji.com/jc/zc?key=%c3%e6%b9%f1%b0%ca%b3%b0%a4%ab

%a4%e95%b3%e4%a1%a1%a5%ec%a5%a2%a5%a2%a1%bc%a5%b9&k=2012
11/2012111200334,（参照 2012-11-28）.

"中国，価格安定に向けレアアースの備蓄を検討＝中国証券報". ロイター．2012-06-0
1 http://jp.reuters.com/article/worldNews/idJPTYE85004L20120601,（参照 20
12-06-08）.

"中国，閣僚級の交流停止：尖閣沖衝突，船長の拘置延長に反発". 日本経済新聞．2010-
09-20. http://www.nikkei.com/article/DGXDZO14966490Q0A920C1MM8000/,
（参照 2013-02-05）.

"中国がレアアース国家計画鉱区を設立した意図". 人民網日本語版．2011-02-15. http://
j.people.com.cn/94476/7288597.html,（参照 2012-06-03）.

"中国：工業情報化部他関係6部署，共同でレアアース生産秩序特別整理活動を実施".
ニュース・フラッシュ，JOGMEC, 2011, vol. 18, no. 32. http://mric.jogmec.go.jp/
public/news_flash/pdf/11-32.pdf,（参照 2013-02-26）.

"中国人船長を釈放へ：那覇地検「日中関係を考慮」：尖閣沖衝突，処分保留". 日本経
済新聞．2010-09-24. http://www.nikkei.com/article/DGXNASDG2402E_U0A9
20C1000000/,（参照 2013-02-05）.

"中国，日本の訪中国招待延期：尖閣沖衝突巡り：海洋戦略絡み強気". 日本経済新聞．
2010-09-21. http://www.nikkei.com/article/DGXDZO14997170R20C10A9EE1
000/,（参照 2013-02-05）.

"中国のレアアース輸出規制の本質を探る". 金属時評．2010-10-05, no. 2143, pp. 1-5.

"中国，レアアース企業を90社から20社に統合へ". 中国網日本語版．2010-09-10.
http://japanese.china.org.cn/business/txt/2010-09/10/content_20904281.htm,
（参照 2012-06-06）.

"中国レアアース業協会：設立総会に加盟142社". 日刊産業新聞．2012-04-10.

"中国「レアアース工業汚染物排出標準」を発布". 人民網日本語版．2011-03-02.
http://j.people.com.cn/94475/7305481.html,（参照 2012-06-05）.

"中国，レアアース対日輸出停止：尖閣問題で外交圧力か". 朝日新聞．2010-09-24. http://
www.asahi.com/special/senkaku/TKY201009230257.html,（参照 2013-02-07）.

"特集，JOGMEC金属部門事業紹介：第3回：資源備蓄本部希少金属備蓄グループ". 金
属資源レポート．JOGMEC, 2005, vol. 34, no. 6, pp. 817-822. http://mric.jogmec.
go.jp/public/kogyojoho/2005-03/MRv34n6-01.pdf,（参照2013-03-18）.

NEWTON別冊：これからの最先端技術に欠かせないレアメタルレアアース．ニュート
ンプレス，2011.

"全く新しいタイプのレアアースの大鉱床を太平洋で発見". 東京大学大学院工学系研究
科．2011-07-04. http://www.t.u-tokyo.ac.jp/tpage/release/2011/070401.html,
（参照 2013-02-05）.

"李克強副首相が日中経済協会訪中団と面会". 人民網日本語版．2011-09-07.

　　　　http://j.people.com.cn/94474/7590813.html,（参照 2012-10-05）.
"レアアース国家計画鉱区を設定，国内初". 人民網日本語版. 2011-01-20.
　　　　http://j.people.com.cn/94476/7266891.html,（参照 2012-06-03）.
"レアアース対策の成果を次に". 日本経済新聞. 2012-11-05. http://www.nikkei.com/
　　　　article/DGXDZO48061630V01C12A1PE8000/,（参照 2013-02-25）.
"「レアアース輸出管理政策は正当」中国商務省が強調". 日刊産業新聞. 2012-03-19.
レアメタルニュース. アルム出版社, 2006, no. 2248.
―――. アルム出版社, 2007, no. 2293.
―――. アルム出版社, 2008, no. 2338.
―――. アルム出版社, 2008, no. 2371.
―――. アルム出版社, 2009, no. 2381.
―――. アルム出版社, 2009, no. 2411.
―――. アルム出版社, 2010, no. 2428.
―――. アルム出版社, 2010, no. 2449.
―――. アルム出版社, 2010, no. 2454.
―――. アルム出版社, 2010, no. 2456.
―――. アルム出版社, 2010, no. 2457.
―――. アルム出版社, 2010, no. 2458.
―――. アルム出版社, 2010, no. 2460.
―――. アルム出版社, 2010, no. 2466.
―――. アルム出版社, 2011, no. 2470.
―――. アルム出版社, 2011, no. 2471.
―――. アルム出版社, 2011, no. 2472.
―――. アルム出版社, 2011, no. 2479.
―――. アルム出版社, 2011, no. 2481.
―――. アルム出版社, 2011, no. 2487.
―――. アルム出版社, 2011, no. 2495.
―――. アルム出版社, 2011, no. 2496.
―――. アルム出版社, 2011, no. 2502.
―――. アルム出版社, 2011, no. 2507.
―――. アルム出版社, 2011, no. 2514.
―――. アルム出版社, 2012, no. 2519.
―――. アルム出版社, 2012, no. 2520.
―――. アルム出版社, 2012, no. 2522.
―――. アルム出版社, 2012, no. 2523.
―――. アルム出版社, 2012, no. 2524.
―――. アルム出版社, 2012, no. 2525.

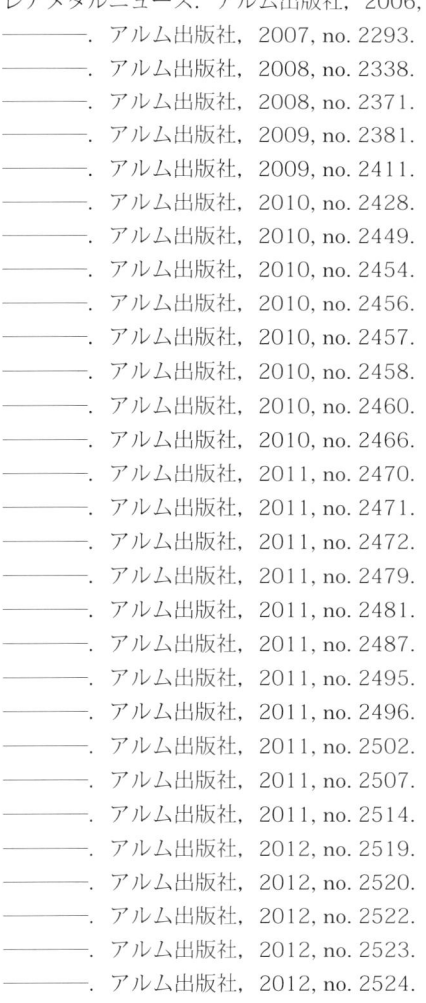

―――. アルム出版社, 2012, no. 2544.
―――. アルム出版社, 2012, no. 2558.
―――. アルム出版社, 2012, no. 2559.
―――. アルム出版社, 2013, no. 2564.
"レアメタルの回収について". 使用済小型家電からのレアメタルの回収及び適正処理に関する研究会第 5 回. 2010-03-09. http://www.env.go.jp/recycle/recycling/raremetals/conf_ruca/05/mat03.pdf, (参照 2012-12-12).

おわりに

　レアアースは，様々な製品や部品に応用されることを通じ，私たちの快適な日常生活を支えている。また，日本の各種製造業の国際競争力を支えると共に，環境対策を前進させる上でも重要な役割を果たしている。

　ごく最近に至るまで，日本においては，レアアースの重要性は十分に認識されていなかった。この状況に大きな変化をもたらしたのが，2010年後半に起きた2つの出来事(中国によるレアアース輸出数量枠の大幅削減，中国から日本へのレアアース輸出の停滞)である。これらの出来事を契機として，日本国内においてはレアアースに対する注目が高まり，日本政府によるレアアース対策は大幅な強化が図られた。また，日本政府のみならず，日本の企業及び研究機関も積極的に対策を進めており，その成果は着実にあがっている。

　他方で，上記の出来事から約3年が経過した今，当時の危機感は徐々に薄れつつある。日本国内の報道機関がレアアースについて伝える頻度も低下している。しかし，これまでのレアアース対策の成果をもって，レアアースの問題は解決に近づきつつあると結論するのは早計である。

　日本は依然として，レアアース需要の5割以上を中国からの輸入に依存している(2012年時点)。ジスプロシウム等の重希土類の調達先が中国南部のイオン吸着鉱に集中する状況にも大きな変化はない。また，中国によるレアアース輸出規制は，今のところ緩和される兆しはない。さらに，世界各地におけるレアアースの開発・生産プロジェクトの進展に伴い，レアアース各元素の需給バランスが大きく崩れるおそれがあることや，レアアース応用技術に関する日本の研究開発能力が相対的に低下する傾向にあるとみられることにも注意する必要がある。これらの点に鑑みれば，日本は今後もレアアース対策を積極的に実施するべきであり，殊に前章の末尾に述べた2つの課題への対応に力を注ぐ必要があると考える。

　日本のレアアース産業は，自動車産業や電気電子産業をはじめとする日本の各種製造業の華々しい発展を支え続けてきたが，それ自身が脚光を浴びる

ことは少なかった。しかし，その中にあって，この分野の専門家は長く地道な努力によって高度なレアアース応用技術を培い，あるいは海外からのレアアース調達に道筋をつけてきた。日本の製造業の繁栄は，このような専門家の長年にわたる取組の上に築かれたものである。

　レアアースの重要性が広く知られるようになった今こそ，この分野の専門家の取組に対し，真に必要な支援が提供されるべきと考える。その支援は，当座の供給不安を乗り切るための一時的なものとしてではなく，レアアースという大きな可能性を持つ資源を有効に活用し，日本及び世界のレアアース産業の持続的な発展を実現することを目的とする息の長い支援として提供される必要がある。本書の内容が，そのような息の長い支援の実現に向けて，ささやかなきっかけ作りの役割を果たすことになれば幸いである。

＊　＊　＊

　最後に，本書の執筆にあたりお世話になった方々に謝意を表する。

　本書は，著者が東京大学大学院工学系研究科地球システム工学専攻博士後期課程において行った研究成果(博士論文「中国の輸出抑制策がレアアース市場に与える影響とその対策に関する研究」)をもとに，同論文が完成した2010年10月以降の情勢変化を踏まえ，大幅な加筆修正を行ったものである。

　著者が上記専攻において研究を開始した当初は，レアアースに関する政策研究は，ほとんど注目されることのない分野であった。しかし，東京大学大学院工学系研究科の縄田和満教授は，指導教官として，著者にこの分野の研究に取り組む機会を与えて下さり，その遂行にあたり終始暖かく励まし続けて下さった。同教授からは，研究の方向性の設定から論文の細部に至るまで，熱心かつ丁寧なご指導を賜った。同研究科の原尚幸助教(現在，新潟大学経済学部准教授)は，学術研究に不慣れな著者に対し，論文の執筆方法の基礎から辛抱強く，かつ親身になってご指導下さった。お二人のご指導がなければ，博士論文を完成し，さらに本書を出版することは到底できなかった。ここに深謝の意を表する。

　上記博士論文の構成及び内容には，東京大学大学院法学政治学研究科の加藤淳子教授，同大学院工学系研究科の玉木賢策教授(故人)，加藤泰浩教授，村上進亮准教授から，多くの貴重なご助言を賜った。また，加藤淳子教授は，本書の出版を勧めて下さり，その後も幾度となく執筆を励ます言葉をかけて

下さった。著者にとって，出版という形で研究成果を発表する機会を得られたことは望外の喜びであり，ここに深く感謝する。

　著者がレアアースという元素群と，それを取り巻く政治経済情勢に深い関心を抱くようになったのは，経済産業省製造産業局非鉄金属課において非鉄金属の安定的な確保に向けた対策の立案及び実施に携わったことがきっかけである。同課の業務を通じ，レアアース分野のビジネスや研究開発の最前線で活躍する方々から，多くの貴重なご指導を賜った。特に，一般社団法人新金属協会希土類部会の関係諸氏からは，レアアース産業の歴史，市場動向，中国の需給及び政策動向等，数多くの有益な情報についてご教示を賜った。

　また，同課における業務を遂行する上では，同課の上司及び同僚のほか，経済産業省資源エネルギー庁鉱物資源課及びJOGMEC金属資源開発本部の方々にお世話になった。大局的見地に立ち，高い志を持って政策立案及び実施に邁進するこれらの方々の姿から，著者は幾度となく強く励まされた。非鉄金属課時代にお世話になった産学官の関係諸氏に対し，心から感謝の意を表する。

　本書は，当初の計画では2011年中に完成するはずであった。しかし，著者の能力不足のために執筆は大幅に遅れ，一時は出版を断念しかけたこともあった。しかし，木鐸社の坂口節子氏は，執筆の進捗を辛抱強く見守り，適切なご助言によって本書の完成を導いて下さった。本書を刊行することができるのは，坂口氏の細やかなご配慮と寛容さのお蔭である。深謝の意を表し，本書の結びとする。

2013年7月初旬
福田　一徳

索引

あ行

相対取引　25
亜鉛(Zn)　25, 32-33, 46, 80, 86, 88-89, 92-94, 99, 103, 132
アルゼンチン皮革事件　85
アルミナ　46
アルミニウム(Al)　25, 132
アンチモン(Sb)　45-46, 64
EL → 輸出許可証
EL費用　47-48
EPA → 経済連携協定
イオン吸着鉱　15, 20-22, 36, 45, 47, 53-55, 151, 154, 156-157
一次産品　103-104
イッテルビウム(Yb)　17
イットリウム(Y)　16-17, 34, 145, 147
インジウム(In)　46, 124, 129, 150
ウラン(U)　20, 22, 126, 134
エアコン　9, 15, 18-19, 141, 144
永久磁石　18-19, 23, 147
APEC　151-153
液晶ディスプレイ　19, 34
エネルギー基本計画　129
エネルギー政策基本法　129
FTA → 自由貿易協定
MRI　18, 141
LED　34
LME → London Metal Exchange
LME価格　25
エルビウム(Er)　17
黄リン　80, 86, 88, 92
ODA　124-125, 127, 129-130, 138
温家宝　60, 151

か行

海外資源確保　128, 133, 150
外貨準備高　68
外国為替及び外国貿易法　162
外資規制　56
海上保安庁　10, 51
開発・生産プロジェクト　22, 31-33, 35, 134-135, 137-138, 140, 151, 154-158, 163
科学技術振興機構(JST)　146
価格競争力　33, 156, 163
価格転嫁　27-28
化合物　17, 47, 49, 51
寡占　32, 132
滑石　46
GATT → 関税及び貿易に関する一般協定
　──第11条　85-86
　──第11条第1項　89-90, 94, 98-99
　──第11条第2項(a)　89, 91, 94-95, 98-99
　──第20条　89, 91-93, 98, 100, 104
　──第20条柱書　91-93, 101
　──第20条(b)　89, 92, 94, 96-101
　──第20条(g)　89, 92, 94-96, 98-102, 104
　──第20条(g)　但し書　95-96, 98-99, 101
家電　9, 18-19, 129-130, 141-143, 159
ガドリニウム(Gd)　17
加盟議定書 → 中華人民共和国の加盟に関する議定書
　──第1条第2項　88-89, 94, 98-99
　──第11条第3項　89, 92-93, 98-100
　──附属書6　89-90, 92-93, 100
加盟国　82, 84, 86-88, 90, 105
カメラ　9, 15, 19, 141
ガラス添加剤　9, 19
ガリウム(Ga)　129, 150
環境
　──汚染　16, 34-35, 46, 54, 60-61, 64-65, 68
　──規制　12, 22, 45, 54, 66, 68
　──省　142, 144
　──対策　9, 19, 35-36, 65-66, 121, 156
　──保護部　54, 56
勧告　84, 99, 101, 102
関税及び貿易に関する一般協定(General Agreement on Tariffs and Trade, GATT)　80
技術移転　68, 129
技術革新　17, 31-34, 61, 155

索引 201

技術流出　148, 162
希少金属代替材料開発プロジェクト　34, 126, 144, 146, 157-158
希土工業汚染物排出標準　54
業界再編　12, 45, 55, 66
協議　79, 82, 84, 87, 90, 99-100, 103
供給過剰　31, 48, 53-55, 57, 65-66, 155-158, 163
供給障害　124-125, 130, 150
協議要請　11, 79-80, 87, 99
金(Au)　20, 29, 60, 66
銀(Ag)　20, 29, 46
金属　17, 19, 25, 27, 47, 49-51, 122, 125, 134-136
　　──時評　60
　　──シリコン　80, 86, 88, 92-93
クロム(Cr)　126, 150
経過的検討制度(Transitional Review Mechanism, TRM)　87
軽希土類　17, 20, 30-31, 47-48, 55, 57, 63, 155-158
蛍光体　9, 19, 23, 34, 145, 147
蛍光ランプ　9, 15, 19, 141
経済産業省　10, 13, 52, 121-124, 128, 130, 140, 142, 144-149, 153
　　──資源エネルギー庁　17, 123-124
経済連携協定(EPA)　124, 133
携帯電話　9, 15, 18, 129-130, 141
権益　126-127, 129, 131-133, 135-136, 138
元素　9, 11, 15-17, 19-21, 29-34, 57, 122, 141, 146, 154-159, 162
　　──戦略プロジェクト　146, 157
研磨剤　9, 19, 24, 145, 158
工業情報化部　52, 54-56
鉱業分科会 → 総合資源エネルギー調査会鉱業分科会
合金鉄(フェロアロイ)　49
鉱山開発　30, 32, 34, 36-37, 130-131, 134, 140
鉱石　17, 30-31, 37, 46, 49, 51, 57, 60, 104, 140, 154-155
工程くず　125-126, 140
鉱物資源　12, 103-104, 121, 123-124, 126, 129, 131-133, 136, 140

公平性(even-handedness)　96, 101, 104-105
コークス　12, 46, 80, 86, 88-89, 92-94, 97, 99, 103
小型家電　129-130, 142-143
小型電子機器　143-144
五カ年計画　63
国際競争力　9, 19, 123, 125, 128, 131, 148, 159, 162-163
国際協力銀行(JBIC)　124, 127, 129-130, 135-136, 157
国土資源部　52-54, 56, 60, 66-67
国内立地支援　122, 131, 133, 148, 162
国務院　53, 56-57, 61
国家計画鉱区　54
国家発展改革委員会　56, 60, 65
国家保護性鉱種　45, 53
コバルト(Co)　126, 129, 145, 150
混合物　17, 47, 49, 51

さ行

サーチャージ制　28
採掘　22, 34, 36, 45, 53-59, 61, 63-66, 96, 104, 130, 135, 137, 140, 156
　　──総量規制　52
財政部　56
最低輸出価格　88
債務保証　135-136
作業部会報告書 → 中国の加盟に関する作業部会報告書
　　──パラグラフ　162　88-90, 94, 98-100
　　──パラグラフ　165　88-90, 94, 98-100
サマリウム(Sm)　17, 33
　　──コバルト磁石　18-19, 33
酸化物　17
産業用ロボット　18, 141
G20　151-152
JST → 科学技術振興機構
JBIC → 国際協力銀行
JETRO → 日本貿易振興機構
自給率　129
資源
　　──エネルギー総合保険　137
　　──エネルギー庁 → 経済産業省資源エネルギー庁

——外交　125, 129, 132, 134, 137-139
　　——確保指針　126
　　——確保戦略　131
　　——循環実証事業　145
　　——税　57
　　——戦略研究会　123, 128
　　——ナショナリズム　127, 132
　　——量　15, 17, 29, 31-32, 47-48, 134, 155, 157-159
資産買収出資　136, 138
磁石 → 永久磁石
ジスプロシウム(Dy)　17-18, 25, 27, 29-30, 33-34, 48, 145, 147-148, 159
自動車排ガス浄化触媒　9, 19
若干の意見 → レアアース業界の持続的かつ健全な発展の促進に関する若干の意見
重希土類　15, 17, 20-22, 30, 63, 151, 154, 156-159
周期表　16
自由貿易協定(FTA)　124
需給バランス　11, 16, 30-32, 122, 154-158, 162-163
出資　131, 135-136
準戦略レアメタル　130
上級委員会　12, 80, 84, 88, 93, 98-100, 152
　　——報告書　84, 86-87, 95-96, 98-99
使用済小型電子機器等の再資源化の促進に関する法律　143
使用済製品　141-142, 144-145
上訴　84, 87, 98
商務部　56
使用量低減技術開発　12, 122, 130, 133, 146-147, 150, 156, 158-159
触媒　9, 19
JOGMEC → 石油天然ガス・金属鉱物資源機構
シリコンカーバイド　46, 80, 86, 88-89, 93-94, 97
指令性生産計画　52-53, 62
新エネルギー・産業技術総合開発機構(NEDO)　127, 146, 153
新・国家エネルギー戦略　122
新規用途開発　156-157, 162
新金属協会　23
スカンジウム(Sc)　16-17

錫(Sn)　25, 45-46, 64
ストロンチウム(Sr)　150
政策金融　125, 130
生産規制　12, 15, 22, 35-36, 45, 52, 54, 66, 68
生産数量枠　52-53, 101
世界貿易機関(World Trade Organization, WTO)　80
　　——を設立するマラケシュ協定　81
石炭　25, 33, 46, 49, 126, 132, 136
石油　25, 33, 45, 122, 126, 132, 136
石油天然ガス・金属鉱物資源機構(JOGMEC)　124, 127, 129-131, 135-136, 138, 150, 157
セットメーカー　27, 159
ゼノタイム　20, 34
セリウム(Ce)　17, 19-20, 25, 27-29, 31, 48, 57-58, 145, 147, 155-158
選鉱　35, 57, 59, 62, 130, 135
戦略的鉱物資源　132
戦略レアメタル　130
総合資源エネルギー調査会鉱業分科会　127
　　——レアメタル対策部会　124
増値税　45-46, 50-51, 67
組成　20

た行

対抗措置　85, 102
第三国　88, 152
代償　84, 102
代替材料開発　12, 25, 122-124, 126, 128-130, 133, 146-147, 150, 156, 158
大陸地殻中の存在度　19, 29
但し書 → GATT 第 20 条 (g) 但し書
WTO → 世界貿易機関
　　——協定　11-12, 79-80, 82, 85-93, 99-100, 102, 104
　　——協定違反　12, 79-80, 84, 86-87, 99-105, 152
　　——設立協定 → 世界貿易機関を設立するマラケシュ協定
　　——提訴　11, 79, 100
　　——の紛争解決手続　11-12, 79-80, 82, 85, 87, 102-105
タングステン(W)　45-46, 64, 99, 124, 126,

129-130, 145-146, 150
探鉱　122, 124-127, 130, 135-136
タンタル(Ta)　130, 145, 150
中華人民共和国の加盟に関する議定書(Protocol of the People's Republic of China)　88
中希土類　17
中国
　　——依存度　24-25, 134, 153
　　——原材料輸出規制事件　12, 80, 86, 99-101, 103-104, 152
　　——の加盟に関する作業部会報告書(Report of the Working Party on the Accession of China)　88-89
「——のレアアースの現状と政策」白書　35, 54, 58
　　——レアアース業協会　56
　　——レアアース等輸出規制事件　79-80, 99, 103, 105, 152
中重希土類　47-48, 57
調達先の多角化　31-32, 134, 138-140, 150, 153-154, 156, 163
通商産業省　17
ツリウム(Tm)　17
TRM → 経過的検討制度
DSB → 紛争解決機関
TPRM → 貿易政策検討制度
鉄(Fe)　18, 30, 33, 132, 136
鉄鉱石　25, 33, 104
テルビウム(Tb)　17-18, 25, 27, 29, 34, 145, 147, 159
テレビ　9, 15
添加剤　33, 141
電気自動車　9, 18-19
電気電子機器　19, 142, 144, 148, 159, 162
天然ガス　122, 126, 132, 136
銅(Cu)　25, 29, 32-33, 104, 123, 132
投機　16, 25, 32
当事国　82, 84, 92, 104
鄧小平　45
都市鉱山　140
トリウム(Th)　20
Dong Pao 鉱山　22, 134

な行

内外価格差　28, 67, 151
内閣府　146
鉛(Pb)　20, 25, 32-33, 132
難燃性ボーキサイト　89, 94-96, 98
ニオブ(Nb)　130, 150
二次電池　9, 19
日米半導体協定事件　85
ニッケル(Ni)　25, 33, 123, 126, 150
　　——水素電池　19, 33-34, 140
日中経済パートナーシップ協議　151
日中ハイレベル経済対話　151
日中レアアース交流会議　151
日本貿易振興機構(JETRO)　127
日本貿易保険(NEXI)　124, 127, 129-130, 135-136, 157
ネオジム(Nd)　17-18, 20, 25, 27, 30-31, 33, 48, 145, 147
　　——磁石　18, 30, 33-34, 126, 140-141, 144, 146-148, 159
ネガティブ・コンセンサス方式　84-85
NEXI → 日本貿易保険
NEDO → 新エネルギー・産業技術総合開発機構

は行

廃棄物の処理及び清掃に関する法律(廃棄物処理法)　143
ハイブリッド自動車　9, 18-19, 29-30, 34, 141, 144
Baiyun Obo 鉱山　30, 32, 36, 57-58, 151, 155-156
バストネサイト　20
パソコン　9, 15, 18, 141, 144
白金(Pt)　46, 150
白金族　130
バナジウム(V)　126, 129, 150
パネル → 紛争解決小委員会
　　——報告書　84-87, 92, 98-100, 152
半導体　19
備蓄　29, 57-58, 63, 124, 126, 128-129, 133, 150
非鉄金属　9, 17, 25, 57, 121, 123, 131, 133
風力発電機　9, 18-19, 141

フェロアロイ → 合金鉄
副産物　30, 125, 155
部材メーカー　27-28, 159
プラセオジム(Pr)　17
プロメチウム(Pm)　17
紛争解決機関(Dispute Settlement Body, DSB)　84-85, 88, 99, 102
紛争解決小委員会(パネル)　11-12, 79-80, 84-88, 92-100, 152
紛争解決に係る規則及び手続に関する了解　82
分離精製　34, 37, 53-56
米国地質調査所 → U.S. Geological Survey
ベースメタル　20, 33, 125, 129, 132, 136
貿易政策検討制度(Trade Policy Review Mechanism, TPRM)　87
貿易保険　125, 137
放射性元素　20-21, 34
ホウ素(B)　18, 30
ボーキサイト　12, 80, 86, 88, 92-94, 99, 103
蛍石　80, 86, 88-89, 92-94, 99, 103
ホルミウム(Ho)　17

ま行

Mt. Pass 鉱山　21-22, 134
Mt. Weld 鉱山　22, 134, 136, 138
マグネシア　46
マグネシウム　80, 86, 88-89, 92-93, 99, 103
マンガン　80, 86, 88-89, 92-93, 99, 103, 126, 150
ミッシュメタル　33-34
申立国　84-85, 88-89, 92, 94, 97-99, 101-102
モナザイト　20, 34
モリブデン(Mo)　46, 99, 126, 129, 150
文部科学省　146

や行

U.S. Geological Survey(米国地質調査所)　21
融資　135-137
UVカットガラス　19
ユウロピウム(Eu)　17, 34, 145, 147
輸出
　——規制　10-12, 15, 22, 24-25, 33, 35-36, 45-46, 51, 58, 66-68, 79-80, 85-89, 91, 96-97, 99-105, 121, 134, 138, 148, 151-154, 158, 162
　——許可　88, 90
　——許可証(Export License, EL)　46-48, 51, 54
　——禁止　88, 94
　——数量制限　11-12, 79-80, 86-89, 92-103, 152
　——数量枠　10, 22, 27, 36, 45-48, 52, 67, 99, 121, 158
　——税　10-12, 22, 45-46, 48-51, 67, 79-80, 86-90, 92-93, 98-101, 103-104, 152
要注視鉱種　150

ら行

ランタノイド　16-17
ランタン(La)　17, 20, 25, 27-29, 31, 33, 48, 57-58, 145, 155-158
リサイクル　12, 25, 36-37, 97, 122-130, 133, 140-146, 148-150, 153-154, 156, 158, 162
リチウム(Li)　130
流動接触分解(FCC)触媒　19
ルテチウム(Lu)　17, 19-20, 29
レアアース
　——安定供給確保のための日米欧三極によるワークショップ　153, 158
　——応用技術　9, 15, 19, 122, 148, 154, 157, 159, 161-163
　——業界の持続的かつ健全な発展の促進に関する若干の意見　56-57, 61
　——資源泥　140
　——総合対策　10, 52, 121, 130-131, 140, 149
　——白書 →「中国のレアアースの現状と政策」白書
　——輸出の停滞　10, 51-52
レアメタル　12, 17, 121-133, 136, 140, 142, 144-146, 148-150
　——確保戦略　127-128, 150
　——対策部会 → 総合資源エネルギー調査会鉱業分科会レアメタル対策部会
　——ニュース　23, 31, 47, 55, 155
　——備蓄制度　124, 150
Roskill Information Services　22, 32
London Metal Exchange (LME)　25

著者略歴

福田一徳（ふくだ　かずのり）

1976年　静岡市生まれ
2000年　東京大学経済学部卒業，通商産業省入省
2006年6月〜2009年5月
　　　　経済産業省製造産業局非鉄金属課員としてレアアース対策の立案及び実施を担当
2010年　東京大学大学院工学系研究科地球システム工学専攻博士後期課程修了，博士（工学）
現　在　東京大学大学院農学生命科学研究科特任講師

日本と中国のレアアース政策

2013年10月15日 第1版第1刷　印刷発行　Ⓒ

著者との了解により検印省略	著　者　福　田　一　徳
	発行者　坂　口　節　子
	発行所　㈲　木　鐸　社
	印　刷　フォーネット＋互恵印刷　製　本　高地製本所

〒112-0002　東京都文京区小石川 5-11-15-302
電話 (03) 3814-4195番　FAX (03) 3814-4196番
振替 00100-5-126746　http://www.bokutakusha.com

（乱丁・落丁本はお取替致します）

ISBN978-4-8332-2469-7　C3031